生活需要幸福力

罗近月 著

从内心生出来的幸福力，

可以战胜一切困境。

中国出版集团 现代出版社

童年幸运的人，一辈子都在被童年治愈；

童年不幸的人，一辈子都在治愈童年。

——阿德勒

如果一直活在过去，

你越努力寻找爱，越没有机会真正被爱。

因为你吸引来的人爱上的是一个扭曲的你，而非现在的你。

你心里的远方比你最终到达的远方更重要，
它决定着你前行的方向和姿态。

■ 幸福不是从天上掉下来的，
而是从自己心里长出来的。

■ 人生中总是会出现很多的问题，让我们感觉自己已经
失去了平衡，实际上这恰恰是在帮助我们寻找新的平衡。

让该来的来，让该走的走，

让你的感受有机会重新替自己选择幸福。

自序

自我重塑，一条通往幸福的最短的路

早在几年前，我就萌生了这样的念头：我想写一本书，让更多的人通过自我成长活出自我。

这些年来，因为工作的关系，我看到越来越多的人因为心理成长而蜕变，深感心理成长的重要性，也希望更多的人可以意识到，除了眼前的迫不得已，其实我们还有很多选择。

直到今年，编辑昭雯跟我提议这个选题，仿佛是早已注定的缘分，这件事终于提上了日程，甚是开心。

在数月写作的过程中，我一直在问自己两个问题：有很多写如何幸福的书，这本书有什么不一样？一个人如何通过心理成长发展出幸福力？

对于第一个问题，我是这样理解的：

在我的生活中，经常会遇到很多困难，这个时候，我会试图去探索这些问题该如何解决，也会参照他人的观点和建议，然而最后我发现，很多的道理和建议看起来很完美，但是对自己一点用处也没有，甚至还会平添很多的焦虑。

意外的是，恰好在一些别人告诉自己不应该走的地方，我找到了自己要走的路。那些看起来更好的建议实际上并没有给我什么帮助，恰恰是那些真实的不完美对我帮助最大。

我相信大家都曾遇到过这样的人，当他走完一条路之后，他会不断告诉你如何做才是更好的，他用了十步走到现在，却告诉你其实只需要某一步就可以。最后当你做不到，你会感觉很挫败，觉得自己不行。

实际上，你并没有错，只是他们标榜出来的“好”，断了你原本想去尝试的念想。

用心理学家荣格的话讲：你连想改变别人的念头都不要有，要学习像太阳一样，只是发出光和热。每个人接收阳光的反应都有所不同，有人觉得刺眼，有人觉得温暖，有人甚至躲开阳光。种子破土发芽前没有任何的迹象，是因为没到那个时间点。只有自己才是自己的拯救者。

在这本书里，我不想教给大家捷径，只想让大家在看到困境的同时，也看到其中存在的可能性。我想很坦诚地告诉你自我成长的孤独和不易，在这条路上很多人都想过放弃，特别是在那些你觉得走不通的地方，很多人也恰是从那里走下去的。

但我始终记得很多年前，当我遇到人生中的巨大困境，想要退缩和放弃的时候，有一位朋友曾对我说：“即便有一天全世界都不相信你，我也相信你是一个独特的女孩子，你可以活出自己不一样的人生！”这句话给了我很安定的力量，让我可以重新站起来往前走。

我想通过这本书让你了解一个人成长过程中会经历的问题，或许知道了这些，你前行的路上还是少不了困难，但至少在困难面前你可能会更加安定，你将不再抱怨命运的不公，亦不会把矛头指向于自己，而是允许自己去充分探索和尝试，如此，你的人生就增加了无限的机会。

对于第二个问题，很多人觉得幸福的人只是运气更好罢了，但是我们也看到许多不幸的人其实也不乏好运气和好机会，只是他们总是与机会擦肩而过，而那些幸福的人却一次次抓住了转瞬即逝的机会。

所以，我相信幸福不只是因为幸运，更取决于你是否在幸运来临之前，就已经具备了一些必要的心理能力。

如果你是一个渔夫，希望每次外出打鱼都能满载而归，那么你不仅要把网撒在有鱼的地方，同时也要确保自己的网是结实的。

幸福力，就好比这张结实的大网，是一种在你渴望的幸福来临前，你就已经具备的能力状态。

在本书中，我把幸福力分为四种能力，分别是认知力、感受力、觉察力和接纳力，所对应的是心理成长的三个阶段：好奇自己、理解自己、跟自己和解。

当你完成了这三个阶段的成长，你就能够跟自己更好地相处，这就是关系和谐和自我实现的根基。根基越稳定，你的人生获得幸福的机会就越大。

在阅读这本书之前，我想给大家几点建议：

首先，大家可以从头读起，你不需要特意勾画什么，也不用专门去记得某句话，只需要随着自己的感觉就好，如果读到某处你有了一些感受，可以先停下来慢慢体会，也可以跟你的咨询师去探讨。

其次，很多状态的出现没有对错，只是一种过程或者暂时的状态，你可以充分探索和理解，不必为此而苦恼。同时，在思考自我成长时，不要追求某一种看似绝对正确的状态，而否定其他状态存在的可能，因为这意味着否定了这种过渡状态可能带来的新机会。

再次，很多人在走上这条路之前，最渴望获得的是单一的确定感，因为他们认为自己只能接受某种极其简单的生活。可是，经历过才发现，不知不觉中，自己早已接纳了生活中更丰富的可能性。

每一天都处在过去、现在和未来的交叉路口，我们常常需要在两种或者更多的并存状态中前行。自我成长，不是要你完全放下和改变过去，而是鼓励你去充分地理解和接纳过去，从中延伸出一条通往未来的路。

德国作家赫尔曼·黑塞曾说："世界上任何书籍都不能带给你好运，但是它们能让你悄悄成为你自己。"希望这本书能让你靠近自己内心智慧的源泉，最终找到你自己要走的那条路。

最后，要感谢本书的策划编辑马昭雯，有了她得力的工作，才促成了本书的出版。感谢我的每一位来访者，是他们让我懂得了生命中更深刻、更丰富的意义！感谢我的每一位读者，是你们一如既往的支持给了我写下去的动力！谢谢你们！

祝愿大家都能找到自己的路，活出自己的幸福人生！

罗近月

2019年7月25日

目　录

contents

/ 第一章 /

你不幸，是因为你选择了不幸

/ 第二章 /

没有幸福力，再多的美好都白费

/ 第三章 /

认知力：你相信什么，就感受到什么

/ 第四章 /

感受力：断舍离，把内心整理成幸福容器

/ 第五章 /

觉察力：仪式感是眼前的“诗与远方”

/ 第六章 /

接纳力：做个和谁在一起都能幸福的人

/ 第七章 /

幸福力，让你成为小小的宇宙中心

/ 第一章 /

你不幸，是因为你选择了不幸

原生家庭：忘记是为了活下去，记住是为了更好地活下去

如今，原生家庭已经成了大家耳熟能详的心理话题，我想迄今为止，还没有一个人敢自信地说：我是个例外，不受原生家庭影响。甚至，当你对自己了解越多，对原生家庭的理解越多，就会越清楚自己跟原生家庭千丝万缕的联系。

在我们的生活当中，面对原生家庭最常见的是以下两种态度：

一种是，因为过去的经历让自己很痛苦，所以拼命想要摆脱；

另一种是，觉得过去的事情已经过去了，自己已经忘了，对自己没有影响了。

这两种态度涵盖了大多数的人。很多人都曾经以为自己会跟别人不一样，可以逃离甚至已经逃离原生家庭的影响，跌跌撞撞走完一圈才发现根本逃离不了。

01 所有你努力挣脱的，最终都会回到你身上

很多人觉得，原生家庭似乎没有留给他们太深刻的记忆，没什么值得说的。

“我的经历很简单平顺，没觉得有什么问题，除了对小时候父母经常争吵有些印象，其他都不太记得了。”

尽管看起来没有什么特别的创伤，在这些人身上我们还是很容易看到无法理解的问题，比如非常自卑，不敢表达自己的想法，或者极力回避关系里的冲突，等等。这些特质往往伴随一个人的时间特别长，常常在生命很早年就存在了。

作为心理咨询师，我不得请对方保持一分好奇：这跟原生家庭有怎样的关联呢？

具体有怎样的关联，其实一开始我们都不知晓，更想不到某一天会知道得如此之多。只有当我们肯提供一个容器给自己，很多东西才会从那里慢慢浮现上来。

比如，一个在关系里回避冲突的女性，当我第一次提到她在刻意回避冲突时，她说：“谁喜欢冲突呢，这些不好的部分不是应该被杜绝的吗？”

我说：“是的，我们都不想要冲突。只是，好像有些冲突是无法避免的，我看到你为了避免冲突活得特别痛苦，却不能理解你为何要这么做。”

她说：“我不明白你在说什么。”

我说：“现在不明白没关系，我希望有一天，我们可以有

机会去了解它。”

后来，她回忆说，这一次的对话给了她很大的触动，让她开始隐约意识到自己一直存在的某些感觉可能是特别的。

有一次，丈夫问她一件家里的事，她不知如何回答，于是保持沉默。丈夫有点生气，用力地推了她一下，她后退了几步。

这次的经历令她十分恐惧，当她回到房间里时，才发现双手在无法停止地发抖。她想起了过去的一些经历，那些努力避开的东西正在向她靠近……

02 有些伤你以为不重要，却早已变成你的一部分

又过了一段时间，她在咨询时对我说：“我原以为有些事情不去想，就会过去。现在我想，必须对自己更诚实一些，我有点想跟你谈谈那些事情了。”

那是她7岁的时候，有一次，父亲喝醉了酒，回家后母亲忍不住埋怨他，两人起了冲突，母亲推搡父亲，父亲反手打了母亲，母亲也不甘示弱跟父亲撕扯起来，后来母亲被打倒在地，父亲并没有停下来，还拿起一个凳子狠狠地砸她母亲。

7岁的她躲在门缝后看着这一切发生。母亲躺在地上一动不动，脸上有血，她十分担心，怕父亲会打死母亲，又不敢出去劝，怕父亲会连她一起打死。

几个小时后，母亲被一辆车接走了，她不知道母亲是死是活，要被运到哪儿。但她清楚地记得，整个晚上她都活在恐惧当中，内心无比痛苦煎熬，一方面担心妈妈会死掉，另一方面痛恨自己的懦弱。

好在母亲经过治疗并无大碍，只是脸上留下了一个明显的疤痕。

后来，当母亲问她："那天晚上你有没有看到什么？"

她不敢看母亲的眼睛，低着头说："没有，我睡得早。你是怎么受伤的？"

母亲说："我不小心摔了一下。"

后来，她常常重复做一个梦，梦见自己被人追着逃命，她说那是一种很怕被追上，很怕被看穿的感觉……

不知道什么时候开始，她不再做噩梦了，她觉得那些事情也应该过去了……直到那次被老公推了一下，她才意识到那种感觉从没有消失。

那一刻，面对暴力，她无比害怕，又无比轻松。她怕老公会像她父亲一样凶狠残暴，又觉得如果自己真的被打了，就不用再对母亲愧疚了。

恐惧和愧疚，让她在婚姻里变成了一个极其扭曲的人，拒绝表达自己的想法，拒绝给先生回应。她不知道，自己其实是带着原生家庭的创伤在生活。

直到面对暴力，她才如梦初醒，虽然她并没有时常想起那些往事，但是她一直在把自己推向一个方向：回到7岁小女孩的位置，重新经历那种害怕，以弥补对妈妈的内疚。

原生家庭里的很多伤害，无论你是否知道它在哪里，还是假装不记得它在哪里，你都有可能在用它的方式过眼前的生活。

很多人开始做咨询后，某些记忆就开始涌现出来，只有当那些尘封的记忆里丰富的情绪和情感被触及，一些显现的症状才会开始改善。

或许，症状只是在我们试图消除一些过去的重要记忆时，用来记住它的方式。当你越想忘记，症状就会变得越强烈；相反，当你真的记住了，症状也会随之消失。

03　忘记是为了活下来，记起是为了更好地活下去

当我们还是一个小孩儿的时候，感觉生活充满了各种限制，比如：

我们可能会因为害怕不被人喜欢而不得不做自己不愿做的事；因为害怕被抛弃而用隐藏自我的方式去获得爱；遇到一些想起来就害怕的经历时，我们强迫自己不去想它，似乎慢慢就不再记得了。

当时的我们不会觉得这些经历有多特殊，甚至以为自己和其他人的经历都是一样的，我们的父母也跟天下的父母是一样的。那时的忘记和不计较，是为了让自己活下去，这是作为高等动物的我们保存自我的本能。

当我们逐渐长大，很多久远的事情，看起来就越发不重

要了，因为我们不需要从过去得到什么答案或者获得什么依靠就可以活下去。但是，有时候，你会感觉自己身上带着某种尖刺、限制或者谜，既搞不清楚，也摆脱不了；你一边像打了鸡血一样拼命地往前冲，一边却感觉自己像个泄了气的皮球。你被卡在了这个地方，感受到深深的无力。

如果到了这种状况，说明你需要去弄明白一些东西了。虽然你可能并不清楚自己忘记了什么，但在你的潜意识里某些感觉其实从来都不曾离开。

如果说忘记是为了在某些时候让自己活下来，那重新记起就是为了更好地活下去。这两种截然相反的方式，是保存自我和发展自我的必经之路。

在东野圭吾的著名小说《解忧杂货店》中，和久浩介就走过这样一条冲突的成长之路。

他本有一个极其富裕的家庭，可是家庭遭逢突变，父母想带着他一起逃债，而他想留下来实现自己的梦想。

年轻的他无比迷茫，只得向解忧杂货店求助。他收到了回信，让他无论如何都要跟父母待在一起。

他听从了信中的建议，把所有的唱片卖给一位朋友，开始跟随父母逃亡。

不久，因为零花钱的问题，他和父母争吵了起来。这一次的争吵让他下定决心要离开父母，于是他怀着初生牛犊不怕虎的冲劲，爬上了一辆不知开往何方的货车。

很快，他被警察拦下了，他什么也没有讲，被安排在了孤儿院里。后来他改了名字，学会了木雕，靠着精湛的技艺，过上了相当富足的生活。

他想，自己没有听从解忧杂货铺的建议，不也过得很好吗？

直到有一天，他来到一个小酒吧，里面放的都是他熟悉的披头士唱片，他才知道酒吧的主人正是过去买他唱片的那位朋友。

从朋友那里得知，传言中他的父母先淹死了自己的孩子，然后选择了自杀。也就是说，当父母无法找到他时，只能制造出他已经死亡的假象，帮他更好地躲过追查。

看起来浩介早已摆脱了父母的羁绊，一个人过得很好，可是他经历了这一切才知道，自己可以有安稳的生活，是因为有父母的成全。原来，不管他逃得多远，他一直都跟自己的父母紧密相连，也正是这种连接和羁绊，让他感受到来之不易的幸福，他重新找到了跟父母的情感连接。

在每一个人的成长过程中，多少都有点儿像浩介：有时候避开情感，是为了让自己往前走；等走到一定的时候，不得不再重新回忆起一些情感，为了让自己更好地往下走。

所以，面对原生家庭的伤，很多人都卡在这两个地方：不敢往前走，或者无法更好地往下走。

不敢往前走的人，是因为太想做“好”，导致无法面对某个真实却不完美的自己，比如你明明心里恨着父母，却要努力说服自己原谅，用一种看似更没有差错的方式，过早地封锁了情绪和情感。

对于这部分人来说，即便他们知道了很多道理，懂得了应该怎么做，却一直活在这些“应该”的反面里，过着自己极其不认同的生活。

无法更好地往下走的人，曾经因为敢做真实的自己，而跟原生家庭拉开了一定的距离，走到一定程度，却发现自己没有动力再往前了。即便当下的生活看起来很好，他们也很难感觉到生活的意义。

想要走得更远，就需要更深的连接，这意味着我们需要回头修复导致成长中断的裂痕。

很多人会觉得已经不需要父母做什么了，过去的事已经忘得差不多了，修复还有意义吗？实际上，非常有意义，无论你的家庭给你带来了怎样的伤害，但它是你的根，修复跟家庭的连接，才能强壮自己的根，才可以从生活中源源不断地汲取养分。

原生家庭，对于每个人而言都意义非凡，其中的爱恨情仇都需要经历一个浮现和沉淀的过程，无法做到早一点或者晚一点。我们除了用充分的觉察去确认自己所在的位置，陪伴自己从卡住的地方开始往下走，别无他法。

曾经的你被如何对待，其实你永远都没有忘记，也永远不会忘记。如果你看起来已经忘记了，那只是你换了另一种方式在记住它。

我们每一个人在面对原生家庭时，都可以有不同的选择：

一种是，回避它，用难以摆脱的症状和问题，用被束缚和毁掉的人生去记住它；

另一种是，在充分理解它带给自己的烙印和羁绊之后，选择一种更好的方式去铭记它！

你要过怎样的人生，全在于这个至关重要的选择。相信读到这里的你，心中已有自己的答案。

轻治愈

1. 我们不能脱离自己的原生家庭，就像大树不能没有根一样。

2. 你永远都会记得原生家庭对你的伤害，差别在于你用怎样的方式去记得。

3. 原生家庭伤害你时，你无法选择，但它伤害你的时间长短，是你自己选择的。

强迫性重复：睁眼醒来，你是生活的主人还是奴隶

不知道你有没有过这样的感觉：某天早晨睁开眼睛，感觉过的仿佛不是自己的生活，只是被推赶着往前走，没有任何选择可言。

你明白这不是自己想要的生活，可能会着急地问：我该怎么办？我能怎么办？我需要做怎样的改变？

显然，一时半刻不会有答案，生活还得继续。下一秒，你又会像陀螺一样忙得停不下来，让自己陷入各种事情当中。

在某些得以喘口气的空间里，你可能也会感到累，感到不值得，但是你最多只会埋怨，比如：

他就那么不负责任吗？

我这么辛苦，对方怎么就看得下去呢？

我对人好，也是错吗？

他怎么就一点儿也不顾及我的感受呢？

……

其实，我们的生活从来都不是没有选择的，对所有人来说，生活都像钻一根管道，有人的在管道这头看到幸福，钻过去也是幸福；有的人在管道这头看到幸福，等埋头钻过去，迎接他们的却是始料未及的痛苦。

为什么会是这样呢？

心理学家认为，你所钻入的这根管道，正是你小时候形成的关系模式。每个人成年后，都在不断地复制小时候形成的关系模式。

比如，你小时候被充分信任和理解，那么你长大后就会不断复制这样的感受，你可以信任和理解别人，同时也相信自己值得被信任和理解，这就进入了一种良性的重复。

再如，你小时候总是被贬低和否定，那么你长大也会不自觉地让自己去重新经历同样的感受，你会情不自禁地去贬低和否定他人，也会总是接收到他人对你的贬低和否定，这就进入了一种恶性循环。

这样的心理模式就是强迫性重复：如果你曾经钻入一根好的管道，自然就会选择好的管道；如果你曾经钻入了一根无比糟糕的管道，你也会不断寻找同样糟糕的管道。

01 无论你活得好不好，你的潜意识一直都在为自己而活

向往美好幸福，这种期待可以理解；但是去靠近糟糕，似

乎让人匪夷所思。

伊莉娜在著名的回忆录小说《面包屑山》中写过一个场景：

> 初春的时候，河流的冰面变薄了，浮冰稍有撞击便会引爆封冻在河里的炸弹，把鱼儿炸飞。孩子们会涉水捞鱼，从而可能引爆更多炸弹。

明知道可能被炸飞，但还是会去捞鱼。鱼儿已经不幸了，这些孩子的命运更不幸，这样的痛苦让人震撼。

在强迫性重复中，这些被命运绑架的人，就像这些冒死捞鱼的孩子一样，只是他们捞的不是鱼，而是他们自己。

也就是说，即便他们过去一次次被炸得血肉模糊，也还会继续捞。在他们心里，只要回到过去的痛苦体验当中，他们就觉得人生有了一次重新来过的机会。于是，渴望在痛苦中翻盘重生，却又一次次被痛苦炸飞。身在其中的他们，并不关注自己什么时候会被炸飞，就像一个只想着捕到鱼的小孩，身体在水里，眼睛在专注地找鱼，却意识不到危险正在步步逼近。

然而，和孩子捕鱼不一样的是，打捞自己具有更崇高的使命。那些陷入痛苦循环的人，在潜意识里是希望去拯救自己，他们一次次制造机会试图进入困境，渴望某一个身处险境却不被炸飞的奇迹出现，因而才会置自己的安危于不顾。尽管结果糟糕，但这样的初衷并没有错。

理解了愿望和行为之间的差池，接纳了自己想要变好的愿望，你才有可能去探究：为什么我这么拼命了，生活还是没有变好？

02 忽略自己的感受，需要付出沉痛的代价

就像文章开头所写的场景，每一个陷入强迫性重复的人，身上也大多带着这样的特点：十分急切。

急着忙一件又一件的事情，急着进入一段又一段的关系，如果感觉事情或关系可能会失败，就会更快地想进入下一段。然而，即便忙得不可开交，生活却没有什么起色。那么，为什么他们要这么忙呢？

我们可以想想，当你忙得脚不沾地的时候，会想些什么呢？

你只会想着自己着急要完成的事情，因为十万火急，你不会有更多的时间去关注自己的感受，也就不需要去处理自己的感受。这实际上可以让你获得短暂的轻松感。举例来说，当你自然行走的时候，你可能会左顾右盼，可能面临无数分岔路口需要做选择，而当你直接钻入一根管道时，你只顾往前钻就好了，就不需要做其他选择了。所以，那些总是很着急的人，并非他们的事真的更多，而是他们需要让自己陷入事情当中，去抑制某些痛苦感受的浮现，从而避开一些他们难以面对的问题。

《面包屑山》里写道：“我们扭曲着自己的灵魂，过着别人的生活。其规则也很简单：他们对我们说谎，我们知道他们在说谎，他们也清楚我们知道他们在说谎，但是他们就这样一直说谎下去，我们就这样一直假装相信他们。”

这就是说，有的时候，你明知眼前的事情有很多不对劲的

地方，但你依然选择忽略它，为了能够不去想，你选择了更加着急去做点什么来转移注意力。

然而每一个忽略自己的感受的人，最终都需要付出沉重的代价。因为感受是我们自己最好的刹车系统，告诉你正在经历的某些部分可能出现了问题，当你总是忽略问题，问题就会越堆越多。最后，当你看到堆积如山的问题时，更不敢停下来了。

假装一切没有任何异常，是陷入痛苦的人让自己暂且好过一点的最好方法。然而当痛苦的强度变得更大时，你必然还是会有所感受，无奈此时的你已经很难再做出选择了。

陷入痛苦的强迫性重复的人，会有90%的时间在假装自己不痛苦，还有10%的时间会感受到极其强烈的痛苦，无法忍受时又开始埋怨别人，等最痛苦的时间过去，又会努力假装不痛苦。

他们真的无法选择吗？

实际上这样的模式恰恰是他们潜意识的选择，他们相信通过某种扭曲，避开自己的觉知，就能到达儿时未曾到达的幸福。然而，这永远只是一种奢望。

就好比一个孩子去捕鱼，第一次被炸到而没有捕到鱼；第二次他还会去捕鱼，他会告诉自己说：前面没有炸弹了，再往前一点，你就会捕到鱼，你就真的胜利了。

如果这个孩子不忽略自己的感受，他就可能感觉到自己的恐惧，会担心这次既捕不到鱼还有可能被炸飞，很显然他就不会急匆匆地去捕鱼。相反，如果忽略自己的感受，就会觉得前方一片光明。

所以，陷入强迫性重复的人，常常会显得非常乐观，一次次地跳入痛苦的循环中，因为他们感受不到事情有多糟，也意识不到危险的来临。

03 觉察和意识到达哪里，你的人生就能到达哪里

曾经看到一个比喻，深受触动。

在一只象很小的时候，就用铁链把它拴住，等这只象长大之后，它已经力大无比，但你只用一根很细的南瓜藤就可以拴住它，并且它连挣脱一下藤蔓的意愿都没有。

这让我想起了很多人说的“认命”：遇到人生阻碍的时候，就认为命运是这样的；遇到两性关系问题的时候，就认为对方注定是不爱自己的。

我们未曾发现的是，**当你选择“认命”时，你认的是过去的命，相当于永远地活在了自己的过去。**

就好比那只象，即便它非常渴望自由，它可能会用尽方法去努力，但它唯独不会去挣脱这根南瓜藤，因为在它的感觉里，拴住它的依然是铁链。

而陷入痛苦的强迫性重复的人，很多已经是成年人，但是他们的觉察和意识仍然没有得到发展，感觉还停留在跟儿时一样无助的时刻。

当一个人在别人看来，总是陷入跟他所处的位置不相符的

当你选择“认命”时，

你认的是过去的命，

相当于永远地活在了自己的过去。

困境时，说明他可能陷入了一种强迫性重复，对自己和自己的处境缺乏足够的觉察和自我意识。

比如，年薪200万元的妻子被丈夫屡次家暴，还会一直乞求留住关系。或许她曾经受到过不公平的对待，令她十分无助，如今她虽然已经长大了，并且具备了独立生存的能力，同时也有了自己的价值。即便如此，她内心的某种感觉还处在小孩的位置，除非她能通过足够的觉察，对自己目前的状态有足够的意识，她才能尝试站在成人的位置上，用一个成人的角色来重新面对眼前的问题。

所以，陷入强迫性重复的人想要改变命运，只能靠深入的意识和觉察。

越是急着改变，越是无法选择，只有对自己的处境保持清醒，才能牢牢抓住自己人生的主动权。

轻治愈

1. 总是问“怎么办”无济于事，不妨把“怎么办”换成“怎么回事”。

2. 任何时候，你的潜意识都无比忠诚于自己，而它最擅长把你带入痛苦中去寻找疗愈的机会。

3. 幸福不取决于心态是悲观还是乐观，而要看一个人的意识到达了哪里。

空心病：只有努力迎合他人，才能看到一点希望

生活中，你一定见过这样的人：不论别人怎么伤害他，他都只想对别人好。这就是我们常说的“老好人”。

他们努力付出、用心待人，希望换来善待，却依然时常为关系而痛苦，十分迷茫，又找不到出口。

比如，有一位女性，对工作尽职尽责，对家庭任劳任怨，对孩子百般疼爱，一开始并没有什么问题，可到后来她就会发现：

尽管很努力地工作，却很难获得领导肯定；

尽管努力地对家庭付出，也没有获得另一半的关心和认可；

即便对孩子百依百顺，孩子的问题还是时常引起家人对她教育方式的质疑。

她总是为他人着想，到头来却发现竹篮打水一场空，并没有人念及她的好。

如果追溯这种模式的来源，我们会发现其实很早就存在了，比如年少时期努力读书是为了让父母满意，事事讨好同学是为了让同学满意……

当让别人满意，成为一个人很深的原始底色时，你问他们喜欢什么、对什么感兴趣，他们往往会回答：不知道。

他们找不到自己独立存在的意义和价值，总是按照别人的逻辑在活，到最后即便掏空自己，也不能让别人满意，更不能让自己满意。

01 只有努力迎合他人，才能看到一点希望

曾经看到一则让人震惊的新闻。

一名26岁的研究生，被导师奴役4年，不仅要随叫随到，还要给导师洗衣、带饭、按摩，并且叫导师“爸爸”，并承诺永远爱他。然而，他的导师在享受他提供的各种便利的同时，还用尽手段堵住他出国深造的机会。

后来，连身边的同学都看不下去了，这名研究生却觉得只要忍到毕业就好了。可是，他高估了自己的忍受极限，最终忍无可忍的他，选择了跳楼结束自己的生命。

其实在走投无路之前，他并非完全没有意识，他曾经在日记里写到，跟妈妈讲过与导师的冲突，妈妈却劝他忍下去。他稚嫩的自我想要反抗，被妈妈的逻辑压倒，和被导师奴役一

样，他依然只能选择忍。因为在他的潜意识里，只有让导师满意，让妈妈满意，自己的存在才有价值，所以必须按照导师和妈妈的逻辑去活。当他开始有自己的逻辑时，却带来了自我毁灭的结果。

02 可怕的习得性无助：进退两难之后，还要劝自己接受

著名的行为主义心理学家塞利格曼曾做过一个著名的实验。

他把一只狗关在一个上锁的笼子里，然后给笼子通上电流。一开始，被电到的狗感到痛苦，就会拼命寻找出口，但挣扎了几次之后，都没有成功逃脱。后来再通上电流，它也只是默默地忍受痛苦不再逃脱。

后来把这只狗放到一个更大的笼子里，一边通电，一边没有通电，中间有一个隔板隔开，是可以轻易跳过去的。这个大笼子里，还关了其他的狗，最后，其他的狗都跳过去了，那只狗却只能看着同伴跳过去，它连尝试一次的勇气都没有了。

面对再一次的痛苦，狗选择了默认、忍受。就像这名研究生被奴役之后，还要劝自己忍受。一方面是外界的环境让他痛苦；另一方面，习得性无助让他留在了这样痛苦的境地里。

这样的矛盾在于：**你希望从别人的逻辑里找到自己满意的答案，然而别人的逻辑里只有别人的答案。如果你想要迎合他**

人的逻辑，你就变得像无根的浮萍一样，既痛苦，又找不到自己的意义。

曾有一名学生来咨询：正值青春期，她不知道该怎么跟同学相处，当她把自己的苦闷跟妈妈诉说时，她妈妈总说：现在学习最重要，这些事都不该想。

可是，她总忍不住要想，又总责怪自己爱多想，觉得自己没有做到妈妈说的那样。当她和同学发生矛盾时，她也总是责怪自己，觉得对方一定有合理的理由，而问题都是自己的原因。

到最后，她不断责怪、打击自己，却又没办法做到想要的样子，非常痛苦，感觉自己快抑郁了。她妈妈还责备她，觉得都是因为她太敏感，想得太多。

这就是心理学中所说的“空心病”。“空心病”的特点是，当他人和自己的看法不一致时，总会很快说服自己去接受他人的观念。如此，他们就只得不断压抑自己、扭曲自己去生活。

也就是说，在这样的过程中，虽然他们很努力、很辛苦，但从不是在为自己而活，他们只是通过努力为他人着想，把自己的人生寄托在一个有希望的地方。

当他们碰壁，感觉到没有希望的时候，就会强烈地感觉到自己没有价值，为了使自己感觉好一点，只得说服自己去接受各种不合理的逻辑。

如此不断重复，直到某一天在关系里已经感到绝望，却仍然没有一点空间去发展自己的逻辑。

03 唯有一步步发展自我的空间，才能摆脱不满意的生活

北京大学心理学教授徐凯文曾经做过一个统计，在北大一年级的学生中有31%的人存在“空心病”，找不到自己学习的意义。

他们过早地把自己置身于符合父母或符合社会期待的价值观之上，没有机会去发展自我，等到他们完成了某些社会期待却仍然觉得虚无，或者在别人的期待下活得无比痛苦时，却找不到一条自己的路。

这样的未来令人担忧，但又是什么让他们被禁锢在这个地方呢？

我曾经听过一位心理老师讲中西方文化的差别，他说：“我们的文化是融合的，很多情绪、情感是父母的，也是你的，如果你说这不是你的，你就什么都没有了；不像西方国家，从小父母和孩子就界限分明，各自有自己的那一部分天地。”

也就是说，我们从小就感受到父母的情感、情绪及价值观，并开始不自觉地用这一套标准来评价自己，直到某一天你要回头来否定这一套标准时，也不知道该把自己放在什么位置。

所以，现实生活中，我们会看到很多人已经长大，却依然被父母的想法、情绪、情感所控制。很多人即便跟父母之间已经有了很大的空间，他们内心还是不得不按照父母曾经给自己

的那套逻辑去生活，依然会去满足他们的需要。

不满足内心那套逻辑，你就会觉得自己没价值；实际上，就算你很艰难地满足了它们，在你自己这里，你也没有什么价值，因为那并非是你想要的。

如果你从小就被扭曲着生长，当某一天你想要自己不扭曲，才是一种最艰难的“扭曲”。这就好比让一棵树苗从小斜着长，长出结实的树干之后让它再直回来一样艰难。

每一次更正过去，每一次反抗内在的那套模式，都好像在否定我们自己一样，让我们强烈地感到自己的虚无。离开僵化的束缚，就像鱼儿离开水一样无法忍受。

过去，这样的束缚对人的影响非常久远，有的人可能一辈子都在为了迎合他人而活，却不知道自己为什么过不上好日子。如今，许多的心理科普教育让人开始自我觉醒，也有了更多他人的经历可以借鉴学习，这些机会足以点燃我们内心残存的星星之火，帮助我们重新完成自我确认的过程。

在我的咨询工作中，我遇到过很多为他人而活的女性，她们一开始总是试图在工作、丈夫和孩子身上实现自己的价值，直到某一天，失败让她们看清真相：永远不能指望从别人那里证明自己的价值。

她们开始走上一条自我重生之路，这种从生活中获得的挫败和打击，让她们不得不从迎合别人中后退，留一部分空间给自己，去体会自己的感受，思考自己想要什么。

正是这个以前她们极力避开的部分，让她们获得了一点喘息的空间，开始思考以前不曾思考的问题，觉察自己的感受和情绪，开始曾经觉得没有必要的尝试。

看起来，这些小小的努力，无法一下子改变坚固的惯性，但是这会让以往的惯性得以松动。在某些迷路的时刻，帮助她们看到除了眼前的路，还有许多路可以走。以至于到后来，她们开始难得地为自己考虑，开始有了可贵的“自私”。这样的经验，就是无比重要的为自己而活的证明。

如此，一条关于自己是谁、想要什么、渴望成为什么样子的路正在她们的脚下延伸，顺着这条路看向未来，她们才第一次感觉到有一个未来的轮廓是属于自己的。再顺着这个人生轨迹往回看，她们才能重新从记忆中识别出一些关于自己的独有特质。

这样的路，有的人会早一点踏上，有的人会晚一点，但这都是我们迟早要走上的路。如果你恰好看到这里，或许你也可以思考：我是谁？我想要什么？我渴望成为什么样子？

如果你所写下来的答案只是符合他人期待的，你一定不会为此感到多少激情和快乐。那么，或许在你的内心里，还有一块丰富的宝藏等待着你去发掘。

保持你的觉察，对自己多一份好奇和期待，让我们拭目以待吧！

轻治愈

1. 当你没有自我时，你就不会被善待；当你按别人的逻辑去活着，就不会有让你满意的答案。

2. 当你想要开始发展自我时，你需要承受住压力，忍受没有价值的恐惧。

3. 无论多难，都要开始逐步建立自己的空间。

情感饥渴：有没有一种爱，能让你不受伤

阿德勒说："童年幸运的人，一辈子都在被童年治愈；童年不幸的人，一辈子都在治愈童年。"

如果童年总是被忽略，缺少爱，那么成人之后，就会一直幻想着寻求一种无条件的被爱。

同样是缺失，却可能有两种表现：情感饥渴和情感冷漠。无论是哪一种，都可能极大地影响亲密关系。具体的影响会不一样：

情感饥渴的人，只要对方有任何爱的行动和表达，不论这背后的动机是什么，都会让他无法抗拒。

情感冷漠的人，在表达情感时会有一种羞耻感，这促使他们努力隐藏自己的情感，无论对方在关系里做什么，自己都装作无所谓。

从外在的直观感觉来看，情感饥渴的人，看起来更像个小孩，只要稍微对他好点就可以哄骗。情感冷漠的人，看起来更像个机器人，理智得可怕，对他们无论怎么表达情感都没用。

所以，在关系里，情感饥渴的人，只要一点爱就可以获得满足，很难保护自己不受伤害；而情感冷漠的人，无论对方做什么，都不给予回应，很难发展出亲近的关系。

01 情感饥渴的人，一辈子都在寻找缺失之爱

我有一位来访者小A，对婚姻十分不满，问及具体原因，她也说不出什么大问题，只是说："我对他没感觉了。"

当时，一位新来的男同事跟她走得很近，对她嘘寒问暖，还时不时给她捎点小零食，让她非常感动，两个人越走越近，顺水推舟发展成了男女朋友关系，这时她才知道男同事是个有家庭的人。

她问对方为什么隐瞒，对方说，没有想过隐瞒，虽然不能给她婚姻，但是会一辈子对她好的。

为了这句话，她不顾丈夫的挽留，果断地离了婚，以表示自己对这段关系的忠诚。她觉得婚姻并非最重要的，只要两个人能真心地爱一辈子就足够了。

离婚后的无所顾忌，让她感觉两人的关系越来越亲密。有一天，男同事看起来非常苦闷，问及原因，原来是有一项投资需要20万元的资金。男同事说，如果谁能在这个最关键的时候帮助他，那就是他一辈子的恩人，必须永远记在心里。

小A离婚后的全部身家刚好有20万元，想着他们的关系已

经到了不分彼此的地步，立刻就给了男同事20万元。

一周后，公司再也看不到男同事的踪影。原来男同事悄悄辞职了，同时微信把小A拉黑了，电话也关机了。这时候，她才发现，这个她以为无比相爱的男人，其实她一点都不了解。

尽管这个男人用如此绝情的方式离开了，但小A仍然相信他肯定有苦衷。半年之后，男同事再度出现了，重新加了小A微信，给小A送了一万多块的首饰，让小A原谅他的不辞而别，为了表示诚恳，他说要带她去马尔代夫旅行。

小A马上同意了，虽然实际行程的费用大多是由她负担，但她仍然感觉很开心。在旅行返程的飞机上，男同事告诉小A投资的钱很快就能还她了，并且还得算上分红和利息，项目现在运作很好，只是父亲生病了需要动手术，自己也拿不出资金周转，如果凑不够钱说不定要先暂停这个项目。

听到男同事这么说，小A很替他着急。她以资金周转困难为理由，跟自己的父母和亲人一共借了25万元给男同事。本来她也想多留一个心眼儿，立个凭据什么的，可是当她把钱拿到男同事面前时，男同事感激涕零，紧紧地抱住她说："你是我这辈子最爱的女人。"那一刻她感觉没什么比情感更重要，觉得自己不应该太小心眼。

拿到钱的男同事又火速消失了，而小A还指望对方某一天做成大事业会回头找她。

这样的情感，很多人都可以轻松地看出破绽，为何小A却要对男同事如此坚信不疑呢?

因为情感饥渴的小A，对男同事有着强烈的情感需要，每到关键时刻，当男同事对她说"我会一辈子对你好，会一辈子把你放在心上，你是我这辈子最爱的女人”时，她从这些话里感受到难以言喻的满足，想不顾一切地做点什么留住这种满足。

02 飞蛾扑火般的爱情，得到的只是刺激和伤痛

很多人看到这个故事，都会骂小A傻，怎么能这样一次次地被骗呢？

实际上小A做出某些时候的行为，是她自己意识不到的，且不受她自己的控制；每一次等她反应过来的时候，也会觉得自己太疯狂了，可是当这样的际遇重来一次，她依然会做出同样的选择。

问题的关键点在于：每当对方在关系里给她一些爱的希望，让她感觉自己有机会得到这样浓烈的爱时，她就会不惜一切代价，以求获得一种想象中的稳固而深刻的关系。然而，这种极度沉溺于某种满足的渴望，会让她失去检验现实的能力：只顾着追求虚无缥缈的爱，而忽略了现实中对方对待她的方式。

情感饥渴的人，在关系里常常是轰轰烈烈、飞蛾扑火的表达方式，可以不计得失，当有人稍微对她好点的时候，就觉得或许有机会找回童年的缺失之爱。他们总是好了伤疤忘了疼，很容易一次次地对他人寄予厚望，又一次次地被伤害。尽管如

此，也很难阻止他们在下一次情感来临时再次毫无顾忌地把自己和盘托出。

童年爱的缺失，让他们一辈子都在寻找无条件的童年之爱。然而，当一个人已经长大了，在现实的关系当中，这样的爱注定是找不回来的。如果还带着小孩子的幻想，换回来的就只能是伤害。

03 当一个人还活在过去，就没有机会真正被爱

在经历了男同事的事件后，小A又经历了两段痛苦的感情，她在一次次的付出和自我牺牲之后，才发现自己一直在追寻的不过是一种虚幻的感觉。

穿透这种虚幻，她终于接受了情感并非只是表面上的轰轰烈烈，更不是别人给她画的一个大饼，而是需要通过她自己的感觉慢慢去体会的。

经过了漫长的心理成长之路，她意识到原来她此刻想要的关系，很多年前就已经拥有了。只是，她兜兜转转，迟到了很多年。

她和丈夫复婚了，开始从现实的生活中，感觉到实实在在的幸福。

所以，无论你怎么努力，如何在命运中挣扎，或许有些缺失你真的很想要努力弥补，实际上可能你永远都无法再弥补

了。只有等你从现实的痛苦中惊醒，看清自己现在的位置，你过去的伤口才有机会被修复。

情感饥渴，看起来似乎需要很多现实的满足，实际上它并非我们现实的需要，而是我们内在有一些创伤需要去修复。

如果你忽略自己的创伤，只管饥饿地去寻求满足，那么你就会遇到很多搪塞给你的情感，你反而会把这些劣质的敷衍或者欺骗当作爱；相反，如果你修复了，你就能够很明确自己现在是什么样子，需要什么样的情感才能在现在的位置上重新获得爱，这样的爱才是真实为你存在的。

如果某些踏实安全的关系，却让你没什么感觉，而某些痛苦不确定的情感，却让你无比兴奋，或许你还停留在一个孩子渴望无条件被爱的位置。你需要去确认自己的渴望，修复过去的创伤，让感觉回到自己现在的位置，才能让人来爱一个真实的你。

尽管对很多人来说，要离开孩子般幻想的位置是一种巨大的丧失，但这也意味着真正有机会在关系里获得安全。

婴儿式的饥渴之爱，能满足的只是他人某一刻想要去照顾一个小婴儿的愿望，并不意味着对方可以时刻地照顾你，这就会让你感觉到某个时刻对方可能会抛弃你。面对这种威胁，你越发不敢做自己，只能守规矩、听命令地做一个婴儿，以求获得照顾。然而，这样的关系从一开始就是不平等的，你为了爱不得不继续做不自由的婴儿，而对方并不需要为你牺牲自己做成人的权利。所以，即便你真的在这样的关系里获得了足够的满足，这种满足也是致命的，并不会真正改变关系的本质。

所以，**如果一直活在过去，你越努力寻找爱，越没有机会真正被爱。**因为你吸引来的人爱上的是一个扭曲的你，而非现在的你。

只有你敢于重新走过一段自我成长之路，从饥渴中面对真实的自己，才会遇到真正的爱，进入一段现实的关系！

轻治愈：

1. 我们在关系里表现出过近（没有边界）或者过远（过于疏离）的距离，都是为了防御自己不再受到类似的伤害。

2. 情感饥渴的人，因为太容易满足，在关系里跟他人是不平等的，很难有机会真正被爱。

3. 克制自己，延迟满足，承受住焦虑和恐惧，不断深化意识和觉察，是走出情感饥渴的关键。

情感冷漠：如果我不在乎，你就伤不到我

01　“我说的明明很有道理，为何他们不接受”

小B是一位事业很成功的女性，在单位她是领导，给下属发号施令讲道理。回到家她也是“领导”，无论遇到任何事情，她都能冷静地跟丈夫、孩子讲道理。

她一度对自己的角色很自豪，感觉自己就像一根定海神针，只要有自己在，没有解决不了的问题。

比如，丈夫说，现在工作遇到一些麻烦，小B马上替丈夫出主意，分析麻烦要怎么解决。孩子说要毕业了有些迷茫和担心，小B就会告诉孩子想多了，与其花时间迷茫，不如现在就认真准备就业。

可是常常她一表态，丈夫和孩子都会很不高兴，小B觉得

自己看待问题比丈夫、孩子更实际、更有用，为什么他们就不理解自己的良苦用心呢？她闪过一瞬间的疑问，但很快又告诉自己：无所谓，他们怎么理解是他们的自由，只要我是为他们好，他们理不理解没关系。

所以，面对任何问题，小B都非常淡定，她总是能说服自己不去想，觉得别人怎么想是他们的权利和自由，她应该理解，不应该为此难受。

在小B身上，有着明显的情感冷漠的特点，当别人充满情感地跟她表达一些感受时，她总是会从讲道理的角度侃侃而谈，且让人无法反驳。

情感冷漠的人常常不会感觉到痛苦，但是跟他们相处的人会特别痛苦。比如，小B的老公和孩子都很烦她说话。用她老公的话说，“她人不错，就是没有人情味，让你感觉不到是跟一个活人在生活”；用孩子的话说，“我知道妈妈是爱我的，但我又真的感觉不到爱。她无法理解我怎么想的，在她眼里，道理其实比我重要多了”。

02 “情感是最无用的东西，为何要为此纠结”

时常，小B会觉得自己是已经进化的物种，而旁人只是还没有看透而已。

比如，她最不理解的是：情感明明是最无用的东西，为何很多人还要为此纠结？

回顾她自己的成长经历，她印象最深的是从小父母一直吵架，一遇到事情妈妈都是哭闹无助，父亲总会大发雷霆。这样的家庭战争一直持续至今，让她厌烦至极。

她一直觉得父母无能，缺乏主见，没有骨气，吵了这么多年也没有吵出一个结果。所以，在忍受这个冲突不断的家庭时，她也暗下决心要做一个果断的人。

到如今，有时妈妈因为和爸爸发生矛盾而伤心，小B就会说："情感是最无用的东西，你为什么活了这么多年还看不明白，还要为此纠结呢？"

妈妈觉得小B不理解她，小B也觉得妈妈不可理喻。

情绪和情感，是一个人本能的反应，但是在小B的逻辑里，所有没用的东西都不该存在。情感会让人活得很痛苦，更不该存在。

在她生命的早年，她亲眼看到父母被情绪左右，陷入混乱当中。这种失去理智的生活，对于身为孩子的她来说无比恐惧。在一次次经历这样的痛苦时，她学会用避开情感的方式来获得稳定，她从一个惊慌失措的孩子，变成了一个满嘴道理的"假大人"。

当她从小就学会用一些道理来告诉自己应该怎样做时，她就重新获得了稳定感。这让她抑制住了自己的害怕和受伤的无力感，发展出了一副独立的、现实的，以追求被社会认可的成功为导向的强悍躯壳。所以，她看起来格外成熟，可以从现实生活中去获得自己的价值认可，这是她为自己选择的一个安全领地。只要别人进入这个领地，她就可以绝对胜过对方。

03 坚固的壳可以帮你避开伤害，同时也避开了爱

小B面对现实的能力得到了充分的发展，她获得了社会认可的成功、周围人的仰慕，然而她不得不接受，她的人际关系很失败，她找不到一个亲近的人。

她感觉不到自己的情绪和情感，当别人向她表达情绪或情感时，她也站在了讲道理的立场去回应对方，这会让人感觉不被理解而远离她。

站在讲道理的立场上，虽然她是有力的，却进入不了别人的情感领地，也阻挡了他人进入自己的情感领地。

后来，有一次小B的丈夫喝醉了酒，无意中对她说："跟你生活真无趣，我能忍你，只是因为我在外面还有懂我的人。"

小B听了，依然无比冷静地说："如果你真觉得其他人更适合你，我会尊重你的选择。"

尽管这么说，她还是感受到了内心的不平静。然后，她告诉自己：不就是在外面有女人吗？这些事不是很常见吗？你用得着在这点小事上计较吗？

她虽然说服了自己不去计较，但还是感觉十分难受，于是开始质疑自己：你难受也没用啊，为何要把自己搞得这么痛苦呢？

……

像小B这种情感淡漠的人，在亲密关系里非常小心，他们不能允许自己有无用的情感发生，而我们感受爱的能力往往就是

悬浮在情感位置上的。

有一位妻子曾经愤怒地跟我谈及丈夫的无能，她说："我真是搞不明白，为什么那么小的事，他都处理不好。"

我很疑惑，既然是小事，那么也犯不着大发雷霆啊！她说："是的，事情都不重要，但是这会影响我对他的看法，我很失望。"

也就是说，即便她的丈夫99件事情都做好了，唯独一件事没有做好，仅有这1%的不满意，她也会失望甚至愤怒。

这听起来很可怕，哪怕你为一个人做了无数的付出，对方都不会有感激，觉得你是应该的，但如果某一天你做了一件令对方不满意的事，对方就会来横加指责。

所以，跟情感淡漠的人相处，无论你如何压抑自己去满足对方，也无法让对方满意，因为他只能从讲道理的角度去评估，不能从情感的角度来感知你的付出。

很多情感淡漠的人，在关系里都有着完美主义倾向，他们对待他人有很多圣人般的期待，比如他们会说："我对你不满意，肯定是因为你没有做好；如果你什么都做好了，我自然也愿意爱你啊！"

实际上，站在讲道理的角度去评估，一个人无论怎么做都会让他人有不满意的地方，更不存在什么都做好的时刻。所以，情感冷漠带来的结果是：一方面看不起别人总是无法让自己满意的样子；另一方面也看不起自己达不成内心期望的样子。

所以，情感冷漠的人对别人高要求的同时，自己也会很孤独，无法理解他人，也不能被他人理解。童年时期长出的壳，可以保护自己不受伤害，却也是阻碍跟别人建立良好关系的屏障。

04　真实的爱，不是只满足自己的期待，而是完成一场接力赛

在情感淡漠的人那里，为了避免受到不确定的伤害，爱只是为了满足现实需要，这看起来非常自私，好像只要有爱存在，做什么都是应该的。

实际上，他人愿意为你做一些事情，是因为他在表达感情，当这样的感情被堵塞之后，对方可能就不再有付出的意愿了。

在婚姻中，很多人喜欢跟另一半讲道理、讲责任和义务，却没有意识到一个人没办法去完成责任和义务，原因往往是情感功能被堵住了。

也就是说，除非你接受了关系里情感的部分，现实的部分才会有了基础，否则情感不存在，现实功能也就不存在了。

真实的爱，是建立在相互的情感连接之上的：你表达情感，我感受到了，我也回应了你的情感，你也感受到了，这就是一个情感的回路。相反，如果我表达情感，你却讲道理，我会感觉我的情感被拒绝了；如果我依然希望跟你有连接，那么我会再表达情感，你可能会再讲道理，我再一次被拒绝。多次循环之后，我不再对你表达情感，也开始对你讲道理，相互的

情感冷漠模式就形成了。

然而，在出现情感冷漠的关系里，很多人却很难意识到哪里出现了问题，常常以为日久就会生情，不知道情感生长的前提，是需要我们打开自己去接收情感。

情感冷漠的人并非没有情感，而是情感功能被压抑了，无法自在地感受他人的情感和表达自己的情感。对于他们来说，要面临的最大挑战是，离开过去安稳的位置，重新到关系里体会自己最原发的感受，尝试跟自己确认感受，并允许自己体会到这些丰富性。

如果你遇上了一个情感淡漠的伴侣，你会很痛苦。你的爱给不出去，可能并不是你的问题；也可能你自己曾经是个情感冷漠的人，对方才会用同样的方式来对你。但无论对方是否接受你的情感，去确认自己的情感对你而言一样重要，通过自我确认，你就可以获得一种稳定感。

最后我想说，**任何时候，你想要爱，就只能用自己的情感去换，而不能站在现实的位置去评估和索要。**如果对方投入情感，你也需要用情感反馈对方，关系才会有越来越多情感流动的空间，爱的连接才能越来越深厚！

轻治愈：

1. 假装不在乎，不能帮你避开伤害，反而会让你伤得更深。

2. 跟他人保持距离可以让你安全，但也避开了被爱的机会。

3. 每一种情感考验都会以失败告终，这是因为当你想考验一个人是否足够爱你时，你就已经把关系推向了糟糕的方向。

/ 第二章 /

没有幸福力，再多的美好都白费

幸福与不幸的差距在哪里

01 一个人能否从不幸中走出来，取决于他如何面对痛苦

有一位年轻的女读者向我倾诉：妈妈总是对爸爸有很多不满，一不开心就找她抱怨，这让她无比烦躁。更让她烦心的是，每次妈妈都当着她的面把爸爸一顿臭骂，可一扭头，在爸爸面前任劳任怨的样子一点也没变。

她心里无比清楚，过不了多久，妈妈还会回来找她埋怨爸爸。她觉得妈妈既讨厌又可怜，想帮助妈妈走出困境，也想让自己早日摆脱郁闷。

实际上，她曾经无数次跟妈妈讲道理，希望妈妈能够从自己身上找答案，但妈妈每次都好像听懂了，下一次又忘得一干二净。

都说痛苦可以让人生发生蜕变，那么，是什么让这位读者

的妈妈经过那么多的痛苦却没有丝毫的改变呢？

如果在幸福面前，人人机会均等，那么幸福与不幸的差距在哪里？

这位读者说，一开始她对妈妈寄予很大的希望，总觉得虽然这一次妈妈不能完全理解，但跟她讲了之后，下一次可能就会变好一点。但一次次失望之后，她似乎有一种感觉：不论她怎么劝妈妈，妈妈只活在自己的想法里。

甚至她留意到，每一次妈妈抱怨爸爸的语气及内容，一点都没变。

这样的生活，这位妈妈重复了几十年，她应该可以有无数次的机会去改变自己，或者改变关系的模式，是什么让她只能一直活在不幸的抱怨之中呢？

一个人是否能从不幸中走出来，取决于他是如何面对痛苦的。

这位妈妈面对痛苦时，首先选择用抱怨来缓解痛苦，随后又想着下一次会变好，再回到了以前的模式中。这就像上一章提到的捉鱼被炸飞的小孩一样，即便这位妈妈一再经历痛苦，却没有任何要反思的自我意识。如此，她就不会发展出跟以前不同的方式去面对关系，所以关系依然还会在原地打转。

我以前有一位同事，同样是在婚姻里感觉非常痛苦，爱跟大家抱怨。有一次我们聊天，我简单地谈道：关系都是相互的，只有找到自己在关系里被什么卡住了，才会过得舒服。

她若有所思地沉默了，后来她告诉我这句话对她很重要。她从抱怨丈夫，到开始思考如何去理解自己和关系。

很快，那个爱抱怨关系的她不见了，取而代之的是一个更懂得思考和对一切充满好奇的她。

时隔许久之后，我问她和老公相处得怎样，她说自己成长了，才感觉过去的那些事都不是事，过去困在其中没有自我意识的痛苦阶段早已经过去了。

02 有意识的人创造自我，无意识的人迷失自我

我们每天的生活中都会发生很多事情，但是每个人面对问题的方式都不同。没有自我意识的人，思想往往喜欢跟着别人走，抱着太美好的幻想，活在每天的各种不满意里；而有自我意识的人，遇到问题会先有自己的整理和思考，无论生活发生什么都能坦然面对。

所以，生活和机会对所有人都是公平的，有自我意识的人每天都从思考中成长一点，没有自我意识的人每天都从抱怨中消沉一点。日积月累，两者之间的差距，自然不言而喻。

那么，我们要如何区别自己是有自我意识还是无自我意识呢？

第一，有自我意识的人也会有情绪，但情绪过后会思考自己和这件事情的联系；无自我意识的人会在两个极端状态中摇摆，遇到困难就埋怨，似乎埋怨过去就万事大吉了。

第二，有自我意识的人，有自己独立的空间和想法；无自我意识的人，遇到问题只想找别人要答案。

第三，有自我意识的人，能看到关系的完整，既重视自己也不忽略他人；无自我意识的人，常常忽略他人，眼里只看到自己的不满足。

无论遇到怎样的遭遇，这三点决定着一个人的人生是向上走还是向下走。

有意识的人遇到事情先有充分的理解再行动；而无意识的人往往凭着自己的感觉左冲右撞，可能一会儿对某种观点表示盲目认同，过一会儿又对自己提出相反的极度严苛的要求。

有些困难并不一定会导致我们的人生一路下滑，面对问题时截然不同的态度，却可能让我们沉溺于问题中难以自拔。

举个例子，假如你是一棵树，如果没有自我意识，风一吹雨一打，你可能就跟着东倒西歪，或者可能逞强去跟风雨战斗，并以此为荣；但如果你具备自我意识，你就会明白，你痛苦并非因为风雨，而是因为自己扎根不牢。

一棵有自我意识的树，即便面临风吹雨打，也会努力更深地向下扎根。因为你很清楚，根扎得越深，就会越稳固，某一天你将会不再畏惧风雨，也不会再有风雨能对你造成重大的伤害。你最终会获得一种在关系里深深的稳固感。

有无自我意识，在当下会体现在处理具体事情的态度上，但从长远来看，所体现的是一种整体的精神状态。

有自我的意识的人看起来更有远见，眼光会放在自己要完成的目标的大方向上；而无自我意识的人，就像没有主心骨的散沙，时常埋怨，不知道也不会去探索自己想要什么。

03 一个人要多在意自己，才能活出好的人生

像本文开头提到的读者的妈妈，她不断地跟女儿抱怨丈夫的问题，但是在抱怨的同时，她在意过自己吗？知道自己想要什么吗？探索过是什么让她深陷痛苦吗？

答案都是否定的。一方面她觉得自己在关系里受了委屈，另一方面她对受尽委屈的自己一点也不在意，任凭对方一次次地伤害她，也任凭自己一次次地被情绪牵着鼻子走。

这种类型的人，经常会说自己很无辜，好像自己对伤害毫不知情。然而，他们是一直身处问题中，亲身经历所有感受的人啊。

我遇到过很多爱抱怨的人，他们抱怨别人不支持自己的想法，抱怨别人不理解自己，实际上深入去看，常常会发现他们对自己一点都不在意。

比如，如果想法没有得到他人支持，就索性放弃了自己的想法；如果别人不理解自己，也不会努力用行动去获得理解。又如，明明是对自己很重要的事，别人忽略了，他也会跟着忽略自己。

这一切都可以看出，他们对自己一点都不用心，每当被问及为什么这么不在意自己，他们都会说：在意自己也没用啊，别人又不会为你改变。

在他们的潜意识里，自己是为他人服务的，只有自己的某个部分获得了他人的确认，才有存在的理由。

如此，生活中经历越多的磨难，他们就越难确认完整的自己，遇到越多的问题就越慌乱，不仅不能从挫折中获得成长，连幸运来临时也会接不住。

简言之，一个人只有足够在意自己，具备自我意识，才能发展出独立的自我去面对生活，既扛得住磨难，也接得住幸运，如此才能真正拥有自己的人生。

轻治愈：

1. 一个人能否从痛苦中走出来，取决于他用怎样的方式来面对痛苦。

2. 遇上痛苦每个人都会抱怨，差距就在于抱怨完之后有没有对自己的思考。

3. 只有足够在意自己，增强自我意识，才能发展出独立的自我。

扭曲的认同：越残酷的命运里，藏着越深的对爱的渴求

坐井观天的故事，相信大家都不陌生：

一只青蛙在井里，它以为自己看到的那一片天空就是全部，实际上那只是很小的一部分。

前阵子“英语无用论”登上了热搜。起因是，作家花千芳说：“英语对于大多数中国人，是个废物技能。”王思聪跳出来讽刺说：“没出过国的傻×。”

当他们站在自己的角度发表言论，我们都很容易感觉到偏激，但这言论本身并不会对他们的生活造成多大的影响。

实际上，我们每一个人都是活在自己的框架中，带着自己的认知偏见，有一些偏见可能让你活得更好，而有一些偏见的存在却可能是一种灾难。

这些偏见可能并不是你主动的选择，而是当你从原生家庭中走出来，自然背负在身上的。

01　在我们生命的早年，很多事情都无法由自己选择

我曾经有一位来访者小桑的家庭，像极了电视剧《都挺好》。

她是家里的老大，还有一个比她小3岁的弟弟。

她的出生是被寄予厚望的，家里都希望是个儿子，结果她一来到这个世界，就被否定了。

她说："我如今都能想象出，当初家人看到我的眼神是怎样暗淡下去的，然后，又是如何因为弟弟的出生而重新亮起来的。因为我是个女孩儿，自始至终，他们都没有认真看过我。"

除了家人的忽略，她还总是被弟弟欺负，每次弟弟想抢夺她的东西，就会用大哭来吸引父母的注意。尽管她什么都没做，但每次被骂、被打的人一定是她。

从很小的时候开始，她不仅要学习，还要帮妈妈分担家务，而弟弟却什么都不用做。父母还说："女孩子不需要读那么多书，初中毕业就早点出去挣钱。男孩子嘛本来就应该多读书。"

她没有选择，只得读完初中就外出打工了，她想展现自己的价值，于是拼命攒钱给妈妈。

妈妈拿着她给的钱，给弟弟的吃穿用度都是最好的，却从来看不到她省吃俭用，舍不得买一件贵的衣服。

弟弟很贪玩，不认真读书，经常惹父母生气，她非常气愤。有一次，她忍不住质问弟弟："爸妈对你这么好，你一点

都不知道珍惜，你对得起他们吗？”

妈妈的第一反应，是给了她一巴掌，并且非常严厉地对她说：“我们家以后还得靠着你弟呢，这里轮得到你说话吗？”

她心疼父母的不容易，可妈妈对弟弟的偏袒让她很绝望。好像在这个家里，无论她付出多少努力，在妈妈眼里永远都只是个外人。

02 努力留住卑微的爱，是为了让自己活下来

小桑曾无数次地劝说自己，你该好好考虑自己的生活了，可是她仍然忍不住把家庭的需要放在第一位。

实际上，从小到大，她无数次感受到不公平，但是她都忍了。她选择了认同妈妈的偏心，忍让弟弟的无理，承担主要的家务，放弃热爱的学业，资助弟弟上学。

她以为只要她接受妈妈的要求，努力去做好，就能获得妈妈的爱和重视，然而妈妈只是在需要钱、需要帮忙的时候才会想起她。尽管如此，在这样的关系模式里，她依然能感到一些满足。

因为想要证明自己是重要的，她几乎付出所有。她很瞧不起这样的自己，感觉自己就像个乞丐，对家庭无比忠诚，只为获得一点爱的施舍。

很多从原生家庭走过来的人，都有这样的经历：明明知道

父母这么做是不对的，但是你仍然选择了接受。你觉得只有接受了，才会有机会被爱。就靠着这一点残存的、不平等的爱，你获得一些活下来的意义。

小桑所有的接受和努力意义都在于：渴望父母有一天通过她的付出，看见她的价值。这让她得以活下来，并且比同龄人更早地成熟起来。她明明完全有能力过好自己的生活，却只能不断地被家庭掏空。

这种对家庭扭曲的认同，可以让人活下来，获得一份跟家庭有关系的连接，但是这样的连接本身也是一种捆绑，让人无法活得更好。当你越长大，试图要活得幸福的时候，这种扭曲就会阻挡你，让你无法割舍。矛盾就在这里，如果你依然用这样的模式去活，你就只能一直被局限在井里了。

我们再追溯过去，小桑的妈妈如此忽视女儿，完全没有情感，也是因为她活在了过去家庭带给她的扭曲当中。她也被认定是没有价值的，所以她才不惜付出一切努力来让儿子成长，希望可以从儿子那里获得自己的价值。

小桑和妈妈，其实是在经历同样的命运，一出生就被丢入了一个扭曲的环境里。一开始，为了让自己活下来，她们必须迎合这种扭曲，去获得自己存在的价值。当获得一点确认之后，必然就渴望获得更多的确认，所以她们会更努力去扭曲自己来迎合环境。到最后，她们会发现自己只有被扭曲的时候才会被认可。而这，并不是她们自己。

这意味着，如果你生在一个扭曲的环境里，你永远没办法用扭曲和迎合去证明自己真实的价值。因为在井里的青蛙看来，如果你不扭曲自己进入那片狭小的天空里，他们就看不到你的存在。然而，即便你扭曲自己进入这片天空，你在他们眼里的价值也只有他们能看见的那一点点。

03 生命的早年越得不到的，越渴望付出一切去得到

有些东西，对于一个人的存在来说非常重要，比如我们都需要的爱、情感和价值认可。如果你在生命的早年缺失了这些，你就会渴望付出一切代价去得到它们。

比如，曾经父母觉得你没用，你可能就会努力向他们证明自己是有用的，当你进入亲密关系时，你也可能努力向你的伴侣证明自己是有用的。

当你要努力去改变这种扭曲的评估，渴望证明自己时，实际上你已经接受了这一份扭曲的价值评估标准。一旦迈上这条路，你就会被两种矛盾的感觉占据：既充满希望，又无比痛苦。

比如，小桑有一次周末回家，她很早就开始准备午饭。做了一大桌子的菜，最后有一道菜需要多一点时间，当她做完这道菜从厨房出来，发现父母和弟弟三个人正其乐融融地吃着饭，却没有一个人招呼她去吃饭。

被忽视的感觉让她非常痛苦。然而，下一个周末，她还是回去了，并且准备了更加丰盛的饭菜。

当父亲夹起一只虾给弟弟时，说：“这个虾对身体好，你

多吃点！”

“这个虾好。”就这样简单的一句话，她觉得自己也被肯定了。

她寄生在父母对弟弟的关注之上，努力做点什么来获得自己的价值。当她能这么做的时候，她会感觉到兴奋和满足，这会让她想做更多，然而她内心始终还是有一种空空的感觉。

所以，一个人对原生家庭扭曲的认同是异常坚固的，就好比，当你已经走过了好长的一段路，你一定比任何人都渴望把脚下的这条路走通。在很多陷入扭曲认同的人的感觉里，这条路是走得通的，他们给出一大杯水，换来一滴水，就会不断对这一滴水寄予希望，总觉得某一天对方醒悟，也可以换回一大杯水。实际上，这种扭曲的认同模式，已经意味着你只能在一个死胡同里绕圈，要么接受这个圈，你就永远只能换一滴水，甚至有时候一滴水都换不到；要么不接受这个圈，你开始了抗争或者到别的地方去取水。

早年缺失的东西，如果不加意识，就会耗费我们的一生去渴求。然而无论你付出多少，最终往往仍然得不到。

有一部分人经历足够的痛苦之后，会开始觉醒：这是一条没有希望的路。然后，开始急切地走上另一条路，要把自己的人生全部推倒重来，绝不要跟原生家庭一样——这就会进入矫枉过正的模式。

好比，你曾经费尽全力去换取一滴水，这滴水可以暂时保住你的命，然而你突然决定这一滴水也不要了。之后，你会无比饥渴，然后进入另一段关系，你会拒绝给别人哪怕一滴水，却希望对方可以给自己一杯水。一开始，你可能会真的实现，到后来对方却不愿意给了。你又会继续用一杯水去拼命换一滴水，这样不知不觉，你拼命想逃离，却又回到了最初扭曲的模式里。

所以，一个人总是在残酷的命运里打转，极可能是因为在他的过往经历里存在着严重的扭曲认同，越是如此，他内心越可能藏着深深的对爱的渴求。只有回到这些最本质的渴望里，而不是急着去改变，或者急着去证明，才有机会看到井口之外的天空。

轻治愈:

1. 一个人总是在残酷的命运里转圈，很可能是因为他们成长经历中存在着极其严重的扭曲认同。

2. 很多为了爱活得无比痛苦的人，是因为他们不相信还有更轻松的方式去爱和被爱。

3. 松开控制的手，反而会收获更多。

矫枉过正：为什么你不可能实现“一个人的幸福”

上一篇文章中的来访者小桑，在一次次的绝望之后，开始了自己的成长之路。

她努力工作赚钱，把自己的钱投入学习，提升自己。她比以前获得了更多的社会认可，不再看老公的脸色行事，事业和生活都越来越好。

妈妈开始对她有了一些依赖，遇到问题也开始找她诉苦。她很想帮助妈妈逃离苦海，经常跟妈妈讲道理，却无济于事。

为了事业，她每天都非常忙。她不想为维护关系做什么，觉得很没有意义。

有一天在公司加完班，她准备收拾东西回家。就在这一刻，她脑子里闪现出一种感觉，觉得无比孤独。她想象，即便回到家里，孩子依然只亲近奶奶，丈夫对她也是若即若离。

她的生活看起来是更好了，却仿佛仍然只有自己一个人。

01 努力改变的人，容易走向另一个极端

很多意识到原生家庭问题的人，都想努力改变，却很容易走向另一个极端。

比如：

有的人意识到过去付出太多反而伤害了自己，便决定从此完全不付出；

有的人意识到争吵带来了很多难以解决的问题，就开始完全回避冲突；

有的人因为表达情感被伤害，就决定完全隐藏自己的情感……

这种改变，看似当时很有效，却把自己带到了另一个僵化的位置。而僵化的结果，也仍然是痛苦。

以小桑为例，当意识到对家庭表达情感终归会失望，开始把自我价值认可的需要投注到外界，如果仅仅是将一部分需要向外，这便是一种很好的升华。问题就出在她把全部的价值认可都投向了外界，而完全压抑了自己情感的需求。她能在工作中拼命努力，刚好回避了自己的创伤，她周围的人却很难做到。所以，她的亲密关系、亲子关系都会因为缺乏情感的投入而变得疏离。而等她某一时刻意识到自己居然如此渴望情感的时候，才发现情感部分因为自己的撤离，早已成了一片空白。

很多想要努力改变自己的人，就像一只青蛙知道自己在井里，于是非常努力地跳出去，结果却跳进了另一个井里。

02　当你封闭自己，你就无法从内在获得幸福

从某种程度上说，努力去改变的人，比去扭曲认同一个人时更孤独。过去，至少还有某些部分被他人功利地接受，而当你不在意、不付出了，你的情感也就断裂了。

所以，当一个人封闭自己的情感，切断跟所有人的连接，从这个时刻起，他的内心就无法获得真正的幸福。因为幸福是一种跟他人连接的满足和愉悦感，任何人都无法像孤岛一般体验幸福。

对于矫枉过正的人来说，当努力逃离痛苦的时候，也就避开了幸福。

比如现阶段的小桑，她觉得自己暂时不痛苦，所以她想要妈妈也改变，变得幸福。实际上，她并不幸福，她的妈妈也不能通过隔离情感的方式获得幸福。

我曾经遇到很多在恋爱中受挫的男女，因为曾在一段关系中遇到伤害和欺骗，当他们进入一段新的关系时，必须时刻保持警惕。

他们会说："反正我没有什么期待，即便他伤害了我，我也不会太难受。"

到后来，当一段又一段的关系进展不下去时，实际上他们自己也是痛苦的。他们会有一种感觉：谈了那么多人都不合适，那一定是你自己有问题呗！

所以，**避开受伤的可能，并不能真正让你避免受到伤害。**

避开受伤的可能，并不能真正让你避免受到伤害。

避开受伤的可能，并不能真正让你避免受到伤害。

假如你选择在关系里抽离，当你某一天需要情感时，你终究还是会再一次感受到被他人忽视。无法和一个人产生深度的关系，无法感受到人与人之间的温度，也就无法体会到关系的幸福。

这个过程，清晰地揭示了问题解决的曲折：

▷ 迎合扭曲的模式，渴望获得被认可，无数次的努力换来失望的痛苦；

▷ 跳出扭曲的模式，努力忽视问题对自己的影响，换来孤独的痛苦；

▷ 重新面对问题，获得关系的连接。

所以，在面对人生中的重大问题时，每个人都可能会有逃避的时刻，这不是软弱，而是本能。就好比，一个孩子要真正成长往往需要经历青春期叛逆一样，当你努力逃离过，才会意识到什么是重要的，真正学会珍惜关系。

03 真正的觉醒时刻，是努力之后发现还在原来的地方

当一个人开始具备自我意识时，往往有两个重要的成长时机：

第一种是，你发现自己陷入某种痛苦的重复当中，想改变这一切；

第二种是，当你努力改变之后，发现自己居然还在原来的

地方。

第一种时刻，往往很多人都有着强烈的改变动机，并且对自己信心十足，想要加足马力立刻冲出去。

第二种时刻到来时，很多人都会垂头丧气，对自己和未来有着深深的怀疑，感觉非常无力，仿佛自己什么能力都没有，什么机会都抓不住。

这两种时刻，哪一种更接近真正的成长时机呢？

很多人觉得是第一个，因为看到问题就改变呗！实际上这时候的改变只是矫枉过正，相当于只看到问题的一部分，就开始大刀阔斧地修正了。

到了第二个时刻，因为试过了，知道并没有容易的路可走，除了那些决定自暴自弃的人，很多人变得比第一个阶段更冷静，也更愿意理解问题是怎么回事。

所以，**一个人真正地觉醒，常常发生在意识到问题的严重，想努力改变问题，努力之后发现问题依然没有改变的时刻**。因为这时候，我们才会明白，原来自己被这个问题困住，是因为问题里还有我们未曾意识到的真相。

小桑的觉醒也是发生在这样的时刻，她努力变好了，获得了自己的价值确认，她仍然感觉到孤独，仍然在关系里被忽视。于是，她意识到自己虽然已经走得很远，但是继续往前走也不可能幸福。

她开始往回走，开始花时间来陪伴孩子，开始重视跟先生相处的时间。不同的是，她再也不是以前那个扭曲自己去获得认同的她了。她依然觉得需要创造自己的价值，但是同时也明白了把时间花在家庭的意义，她甚至有时候可以安静地听妈妈唠叨，那一刻她允许自己在那里，不去改变妈妈，因为她确定了无论做或不做什么，她都是重要的。

04 从扭曲认同到矫枉过正，为何如此曲折

看到这里，很多人都会问：是不是每一个人的成长，都需要经历这样从扭曲认同到矫枉过正的过程?

是的，虽然每个人的成长阶段和周期会有很大的差异，但是这样的成长轨迹基本上每个人都会经历。

为什么我们无法避免这样曲折的过程，不可以直接达成自己的目标呢?

打个比方，走一条你从没有走过的路，你对这条路感觉无比陌生，所以你会时而偏左，时而偏右。这个过程就像是试错，帮助你找到在这条路上最恰当的位置。

就像小桑，看起来她曾经的努力并没有帮到她，甚至还会让她再一次陷入窘境，但是当我们回头去看整个过程，却发现她的尝试对她有着非常重要的意义。在这个过程中，她获得了难得的自我价值确认，这是她的家庭给不了她的，她也因此获得了一份新的稳定感。虽然这个过程太厚此薄彼，也让她失去了很多重要的情感连接，但是已经具备自我意识的她，最终还是找回了这一部分。

从过程之中去看目标，常常是充满希望又总是绝望的，从

目标的实现再回头审视过程，却能看到一条清晰的成长线路。所以，我们在成长的过程中，常常会产生这样的感觉，明明自己很努力了，做的事情本身好像也并没有错，却总是感觉不对劲，没有获得想要的结果。这就是成长的真实过程，没有办法一蹴而就，只能靠尝试、摸索，一点点去确认和稳固，我们才能既保持跟过去的连接，同时活出新的自己。

对于还在路上的人来说，任何对自己的催促和紧迫，都不会真正起到作用。唯有带着自己的意识，保持对自己的耐心，不被困难吓倒，最终才会将一条从过去延伸出来的路，走出一条充满个人意义的传承之路。

轻治愈

1. 当一个人特别想要成长时，就会从一个极端走向另一个极端，这是成长的必经之路。

2. 避开受伤的可能，并不能真正避开伤害。

3. 一个人真正地觉醒，常常发生在非常无力的时刻。

幸福力：
每个人都可以超越过去，
活出自己的第二个人生

谈到幸福，我想起前几年央视的一个民众调查节目，主题就叫“幸福是什么”。

民众的回答让人忍俊不禁。

然而，如果将这个问题放到自己这里，一个人独处，或许是夜深人静时，你问问自己：幸福是什么？你幸福吗？

你会如何回答呢？

或许根本不需要回答，你只需要大致回顾一下自己的生活状态，就会有答案。

如果你独处时，有一个和谐稳定的自己；在关系里时，既能感受跟他人亲密的连接，也有自己充分的自由；在社会体系中，还有一份让你充分展现自我价值的工作。如此，你会感受到生命舒展的状态，在为自己而活。

相反，如果你感觉情绪起伏不定，关系硝烟四起，自我实现受阻，整个人都是畏缩的状态，被生活推着四处碰壁，就会很难确认自己在为什么而活。

一个人是否活得幸福，不是取决于具体的遭遇，也不是获得了多少人的爱，而是当他从自己的生活中走过来时，所展现出的是怎样的状态。

当一个人清楚地知道自己想要什么，并且从未停止追求理想，无论他经历顺境还是逆境，都可能感觉到幸福；如果一个人不知道自己想要什么，即便遇到很多的机会，也很难感受到幸福。

01 活出幸福最好的方式，是去理解自己的经历

我一直觉得，每个人都有两个人生：

第一个人生是父母给的，充满扭曲、压抑与挣扎；

第二个人生是自己给的，充满对美好生活的向往、追求和满足。

来到这个世界，我们似乎天生就希望自己是更好的，希望能主导自己的人生；然而，无论是婴幼儿期、童年期，还是青春期，甚至直到成年，我们都会感到强烈的迷茫，对生活充满失望。你的父母可能有很大的责任，对你的心理发展造成了一些影响，甚至是很深的创伤，我们却对此感到无能为力。

事实上，一个人是注定无法一下子活出自己的，必然是先有被扭曲，才有生命的存续，接着才有内在的自我发展。

就像我们最初从一个受精卵到孕育成人的过程，为了适应母亲的子宫，我们必须蜷缩着身体——这就是我们最初的样子，因为接受被局限，才能生存。如果你不接受，开始抗争，那么连你的存在也变得不可能；只有当你接受了，你才有机会进一步发展自己。

又好比，当一个婴儿不能被父母即时满足时，他会无比绝望，但是下一刻，他可能又会接受父母的照顾。接受自己不是时刻被无微不至地对待这个现实，会让他痛苦，却能让他活下去，逐渐长大，在未来发展出照顾自己的能力。

所以，有的经历仅仅是为了生存，这也非常重要。但是，请永远记得：当你的生存获得保障之后，你的人生还可以有新的选择。

遗憾的是，很多人就一直停留在了生存的阶段，明明已经长大，具备了很多能力，却无力去施展。明明一条旧的路已经走完，却还是久久地停留在路的终点，无法开始新的路程。

如果发现自己被卡在这个位置，你需要充分去理解自己过去的经历，看到自己存在的羁绊是什么。

当你对过往经历的理解，深深印入你的意识和感受之中时，你才能站在那条路的终点，跟过去告别，走上一条真正属于自己的路。

02　过去只是一个起点，不应该成为你永远的样子

万事万物都有着自己发展的规律。按照自然的规律，婴儿不会永远都是婴儿，我们的自我发展会逐步发展成熟。然而，有时候，当你遇到一件让你无比挫败、痛苦的事情时，你会忘掉这样的规律，会担心或者认定这种糟糕感受会永远伴随着自己。

当你想要努力摆脱糟糕感受的时候，你的发展自然过程就会发生偏移，更靠近被阻碍的位置，这时候就会卡住自己，难以前行。你越执意去摆脱，就会被卡得越严重。

举个例子，一位女性刚离婚了，她很担心，不知道未来会怎样，能否遇到更好的人；同时，又很害怕面对离婚后一个人的生活；另外，她还会想象丈夫最好有悲惨的下场，一直都遇不到合适的人。

她觉得这样的自己很糟糕，无法接受自己的脆弱和幻想，于是她要求自己必须尽快走出来，忘掉这些想法。她每想一次，就会自责一次，然而她的状况丝毫没有改善。

慢慢地，她对自己这些"不该有"的想法会更加关注。每当这些想法出现一次，她就会感觉到自己被重重地打了一拳，她开始感到很绝望，觉得人生永远都好不起来了。

同样，很多原生家庭存在问题的人，也非常不喜欢自己的样子，于是他们努力去改变，唤起自己对问题的格外注意，最终造成的结果是原生家庭真的严重地阻碍了他们。

所以，问题的发生我们无法选择，但是我们能对问题的发

展起决定性的作用。过去只是一个起点，我们无法忽略它的存在，也不能完全为了它而存在！

面对过去，去注视它、理解它，而不是刻意改变它，你会感觉到自己既来自它，又跟它之间有着巨大的不同。在这些过程里，你会像竹笋一样一节一节地往上生长，最终那些既保护又阻碍的壳，会在你向上长时一层层褪掉。

03　每个人都可以超越过去，活出自己的第二个人生

可以确定的是，每个人都可以超越过去，活出自己的第二个人生！只是很多人意识不到有机会走上这条路。

固然每个人都会有一个觉醒期，但是觉醒时间的早晚决定着一个人的命运。

越早觉醒，就有越多的时间去思考自己要什么，通过尝试去获取人生的新经验，在自己的人生里累积越多自己向往的部分。

而觉醒得晚，虽然要活出自我的过程是一样的，但面临惯性的阻碍就越大，面对外界的压力也会越大。比如，如果一个十几岁的孩子叛逆，与三四十岁的成年人跟父母鼎力抗争相比，后者所面临的压力和阻力都会被无限放大：

一个人没有机会活出自己越久，在心里对自己的信心就越不足，迈出新的一步就越艰难，这是内在面临的阻碍；

外在的阻碍是，你习惯了隐藏自己越久，当你真的想做自己的时候，就越容易遭到他人的反对。

因为，别人眼里已经习惯了你过去的形象，即便你有一些好的变化，旁人也很可能为了保持你在他们心中跟过去一致的形象，用不理解的眼光来阻止你改变。

所以，我们每一个从原生家庭走过来的人，都不是一开始就遇见幸福的。遇见幸福的人，是因为他们在经历环境的挤压和磨砺之后，逐步具备了一种在支持不足的环境下，也能活出自己的能力，这样他们无论面临什么样的处境，都会有信心面对未来。

一个人在任何环境下都不迷失自己，不轻易放弃自己，同时还能主动获得有效的资源和帮助，激励自己去完成一个又一个自我实现的过程，我把这样的能力叫作幸福力。

拥有这样的幸福力，让你开始对自己的人生有驾驭感，不再局限于过去，而可以放眼于未来。

并非拥有完美原生家庭的人才有可能具有幸福力，很多拥有这种能力的人，甚至和原生家庭的结还没有全部解开。但是，他们已经不会一直待在幻想的位置，寄期望于“如果一切都没有发生就好了”，或者指望“别人能改变就好了”。他们的一只脚已经踏在地面上，意识到无论经历什么，自己都有责任重新开始管理自己的人生。

所以，即便两个人过去有着完全相同的遭遇，具备幸福力与否，也会让他们的人生截然不同。

很多人问我什么时候是发展幸福力的最佳时机，我会告诉他们：如果你意识到了，此刻就是最佳时机。

他们还可能接着问："你说得容易，可是我意识到了，还是不具备幸福力怎么办？"

幸福力的养成，并非一朝一夕，更不可能意识到就立刻能做到。这就好比一个女人知道当了妈妈之后要做一些事情，和亲自去做，再到不断实践后获得做妈妈的胜任感一样，都需要经历一个过程。

一开始你知道自己需要养出幸福力，接着你需要真正带着自己的意识去尝试，在这个过程中不断积累经验，直到某一天你不知不觉就发现自己不再惧怕以前的很多困难。

这里很容易出现的一个误区就是：

不具备幸福力的人常常幻想一鸣惊人，于是不断在瞄准，却连一发子弹都不敢发射，导致经验区一片空白；

而那些最终具备幸福力的人，都深知唯有通过真正的射击训练，才能帮自己成为神枪手，所以不会为了追求完美而放过每一次练习的机会。

所以，一个人唯有更勇敢、更有意识、更充满热情地面对每一次的生活挑战，才能尽早发展出幸福力，活好自己的第二个人生！

如果跟随这本书看到了这里，说明你意识中渴望的星星之火已经点燃，尽管你可能觉得自己还没有准备好，但请一定要记住：最好的时机，就是现在！

轻治愈

1. 一个人是否活得幸福，取决于他在自己生活中所展现的状态。

2. 每个人都有自己的觉醒期，但是觉醒时间的早晚决定着这个人的命运。

3. 发展幸福力的最佳时机，就是现在。

想活出幸福，一个人需要具备哪些能力

很多感觉自己活得不幸福的人，其实内心都很清楚：希望未来有所不同，就必须做点跟过去不一样的改变。

如果你感觉自己总是活得很压抑，难以幸福，那么你就必须先让自己具备幸福力。

具体来讲，什么是幸福力？感觉幸福的人，并不知道自己具备什么特殊能力，而感觉不幸的人更不知道自己缺少了什么。

美国一名创业家赛斯·高汀写过一本书叫*The Dip*，翻译成中文叫《低谷》。他在书中很坚定地指出：

“低谷是人生的重大机遇。当你处于低谷时，这里面一定有你不知道的真相，当你弄明白了，人生就会快速反弹。面对人生低谷的跋涉，实际上是人生里最短的一条捷径，能带你通往任何想去的地方。”

同样，当你总是活得不幸福时，是因为生活和关系里存在着你无法看见的真相，无法看见，也就无法去面对。只有当你看见了真相，发展出面对真相的能力时，才能完成对自己人生的全面升级。

在本书后面的篇幅里，我将会细致地跟大家从不同的角度探索幸福的可能，讲解幸福需要具备的能力，以及如何去发展出这些能力。

我把一个人从不幸到幸福的成长过程分为三个阶段，在这三个阶段里，我们相对应要发展出四种需要具备的能力。

01 第一阶段，对自己好奇
需要具备的能力：认知力

咱们中国有句老话：不知道自己从哪里来，就不知道自己要到哪里去。

然而，现实生活中，至少有一半的人处于无意识状态，不知道自己从哪里来，也不知道要自己到哪里去，更不知道自己现在处于怎样的位置。

丧失了对自己的意识，是很多人产生心理问题的原因。即便时常遭遇生活的艰辛，很多人也不会因此产生疑惑，想去更多地理解自己，这就是他们常常被问题困住的原因。

一个人如果想要离开让自己痛苦的处境，首先要有对自己足够的好奇，搞清楚这三个问题：我是谁？我怎么走到今天的？我对于未来有怎样的期待？

这个过程里，很多的思考和感受都是针对自己的。也就是

说，我们必须把自己当作一个足够关注的焦点，才能打开自己局限的认知。

比如，一个婚姻中总是被忽略的妻子，可能一开始身处在痛苦之中，却不具备认知力。她可能会说："我今天的痛苦，都是拜我丈夫所赐，只要他改变了，我就不痛苦了。"当她这么说的时候，她还不具备活出幸福的认知力，因为她遇到的问题并没有让她对自己产生任何好奇。这就相当于她处在一个低谷当中，却不愿意去了解那些让她陷入低谷的真相，所以她无法借助自己的力量来完成自我拯救。

所以，对自己好奇的阶段，是自我成长中无比重要的第一步，它帮助我们把注意力聚焦于自己身上，为我们理解自己打开入口。

认知力，简单来说，就是我们对于一件事情的理解程度是怎样的。像前面的那位妻子，还没有去理解问题，就认定问题一定是丈夫造成的，这说明她的认知力很狭窄。

当一个人愿意扩展自己的认知，想要更多地去探索自己和关系里有哪些未曾触及的地方，也就说明这个人具备了成长的动机。所以，每一个从不幸里走出来的人，最需要做的不是去做什么改变，而是开始对自己感兴趣，愿意理解自己。这种对问题保持好奇的态度，会促使我们对一个问题获得更宽广的认知。借由这些认知带来的新空间，我们才有机会在过去被忽略的位置上，接收到新的信息，重新整理自己的理解。

02 第二阶段，理解自己需要具备的能力：感受力和觉察力

理解自己的阶段是建立在对自己好奇阶段的基础上的，也就是说，只有当一个人可以对自己好奇，借由这种好奇，他才有空间去理解自己。

这就好比，当你认定一件事就是你想的那样，你的这个杯子相当于已经装满水了，你就没有空间再装下新的水。而你被困住的原因，正是因为你现有的水，已经无法支撑你走得更远了。

所以，在我们成长的过程中常常会有一种矛盾，一方面很多人都想凭借自己过去已有的经验来解决问题，以此获得对生活的信心和掌控感；另一方面这些已有的经验可能在眼前来看已经不再能给到帮助，甚至还会把人带入死胡同。

只有你能意识到自己正在经历什么，并且知道这些经历是怎么回事，你才能从低谷的位置理解自己为什么会活得不幸福。很有可能，你身上还有许多重要的部分等待着你去理解和发掘。

站在第一个阶段的基础上，我们想要去理解自己，那么过去很多我们认为理所当然的事就会重新纳入我们的意识当中，当你充分感受你所经历的事情，你才能有机会去识别这些经历里的自己是怎么回事。

这里面会涉及两种能力：感受力和觉察力。

感受力，是你的感受被自己接收到了，你会意识到自己有一些情绪和情感发生，这些被你当成重要信息一一保存下来。

觉察力，是你对于已经发生的情绪和情感的过程识别，你

能够意识到这些是怎么发生的。

举个例子，假如你和你的丈夫总是吵架，没有开始自我成长之前，你可能只会感觉到自己很生气，然后开始埋怨或指责丈夫的问题。

开始成长的第一个阶段，你可能会等情绪缓和后开启好奇，问自己：这次吵架跟我自己有什么关联吗？我是怎么和我丈夫走到争吵地步的，我在里面起到了怎样的作用？

带着这样的好奇，你才能进入理解自己的阶段，去探索你感受到的自己的情绪和情感状态的变化，看到了这些变化，你才能进一步去觉察这些变化背后的自己是怎么回事。

大家不妨从以下的对比中体会区别：

被困在原地的人，每遇到一个问题，都会对他人有更多的怨气，然后觉得整个世界好像都亏欠了自己；

而开始成长的人，每遇到一个问题，都可以通过问题对自己有更多的理解，获得更多面对问题的反思和能力。

如此，被困住的人，永远在延续过去的模式，越困越深；而开始成长的人，就会获得越来越多的感受和体会，通过自己有意识的整理之后，就会变成新的经验，帮自己走出困境。

03　第三阶段，跟自己和解 需要具备的能力：接纳力

跟自己和解，对于大多数的人来说，是一个可望而不可即

的阶段。因为，这个阶段需要建立在前面两个阶段的基础上。

因为，当一个人对自己不抱好奇，没有足够的感受力和觉察力去理解自己时，显然无法做到对自己接纳。好比吃一个特别大的东西，你不咀嚼就无法吞咽，也很难消化。

很多人不去训练自己“咀嚼”的功能，却强迫自己去接纳自己，这简直就是天方夜谭。同时，当一个人没有发展起感受力和觉察力这两种类似于咀嚼功能一样重要的能力时，他就很容易被生活中很小的事情卡在情绪里面。

不理解自己就无法获得自我稳定感，无法接纳自己；同时，理解自己是理解别人的基础，能够帮助我们去接纳他人。

只有当一个人充分发展出自己的感受力和觉察力，有了理解自己的原始经验，才能在对方有某种反应的时刻，有一个属于自己的有效参照标准，清晰地捕捉到对方是怎么回事。然后，通过这种对对方感受的理解和觉察，与之产生共鸣，才能做到接纳对方。

无法一下子做到接纳自己和接纳他人，这是很正常的，问题是我们需要借由好奇，逐步去打开理解的空间。

当一个人走进了低谷，要从中走出来，大致都需要经历这样的过程。只是每一个阶段要花的时间会因人而异。

如果你正处于低谷的位置，不妨先跟自己确定一下，自己走到了哪一个位置：好奇、理解，还是接纳？然后，一步一步陪伴自己把这样的过程走完。

如果你从来没有完整地经历过这个过程，你也可以选择专业心理帮助，借助咨询师的引导和反馈，帮助自己更充分地发展这四种能力。

可以确定的是，一次从低谷走出来的经历，看似对你的整个人生并没有多大的帮助。实际上，在这个过程中你发展出来的这四种能力会让你受益终生。

当你具备这四种能力的时候，你不仅能在独处时获得更稳定的自我，同时也能在关系里跟他人保持更亲近的连接，在以后面对困境和挑战时，还能更坚定地支持自己，相当于全面升级了自己的人生模式！

所以，很多时候，当有人问我：自我成长，到底对我有什么帮助？

我会说，等你真的成长一次就知道了！从来没有用过双腿走路的人，想要体验用自己的双腿自由进退有多爽，只有亲身去经历和体验！

轻治愈

1. 低谷，是人生里最短的一条捷径，能带你通往任何想去的地方。

2. 活出幸福需要经历三个阶段：对自己好奇，理解自己，跟自己和解。

3. 幸福力所包含的四种能力：认知力、感受力、觉察力、接纳力。

/ 第三章 /

认知力：你相信什么，就感受到什么

每一条走不通的路，
都藏着卡住你前行的答案

在前文中我们讨论过，遇上某个坎儿怎么都迈不过去，可能是因为这里面藏着你不了解的规律。

那么，是什么让你错过了解规律的机会呢？

是僵化的认知。它来自你的过去，曾经帮助你活下来，拯救过你的生活，如今却让你深陷泥潭。

举个例子，当一个小孩向小伙伴表达情感的时候，总是被拒绝和羞辱，那么他就会认为情感是需要努力避开的东西，这种回避会帮助他避开更多伤害，获得稳定感。

当这个孩子长大之后，也会很自然地避开自己的情感，在关系里变得很冷漠，这会直接导致他的人际关系很糟糕。

当某一天，他为没有一段好的人际关系而感到痛苦，想要解决这个问题时，就不得不回头来好奇：为什么问题会发生？这里面是否藏着自己某种僵化的认知？

我们可以换一个角度去理解，好比一个人曾经特别想吃葡萄，但是拼命努力了还是吃不到，当时为了不让自己难受，他

就安慰自己说：葡萄是不好吃的，是酸的。过了很多年之后，这个人或许已经忘掉最初安慰自己这回事，但是依然会认为葡萄是酸的。所以，别人都可以正常吃葡萄，只有他在面对葡萄时，问题会显现出来。

当其他的生活问题都可以迎刃而解，却一再被某个问题卡住时，你会因为注意力被这个问题占据而无比痛苦。

01 大多痛苦都来自极端，极端的核心就是认知僵化

解决问题靠变通，无法变通时就会出现问题。几乎所有的问题都是极端失衡导致的，而剥开这种失衡的外衣，核心就是认知僵化。

我的一位来访者小梅，在婚姻里一直努力想做到最好，为此她希望处理任何事情都能尽善尽美，于是一副好心肠的她说话总是很啰唆，说完了还时常忍不住要叨唠几句。

她一直觉得只要尽心对人好，别人是会理解的。可是，后来她的先生有了婚外情，要跟她离婚。

她接受了离婚，但是非常心痛，也很自责。她觉得都是因为自己不够努力，才会错失一个这么好的男人，后悔以前没有尽到自己最大努力去付出，没有对先生、婆婆更好一点。

在她的理解里，完全是因为她付出不够，婚姻才会解体。她认为婚姻是靠极致的付出来维系的，这是她的僵化认知。

实际上，当我们去看她婚姻中的矛盾时，发现她先生最烦她的是黏人和控制。而这两点其实都基于一个原因——她想尽力付出，而对方却不需要她付出这么多，反而希望她有更多的自我。

当她卡在自己僵化的认知里时，遇到先生不满意，她就总觉得自己做得还不够好；当先生不理解她时，她就觉得自己解释得不够，越想去说明白，对方就越觉得她太纠缠；当她对先生做了一些事，先生很讨厌她这么做，她就忍不住想要换更好的方式去付出。

所以，当她越努力去通过自己僵化的认知来获得更好的关系，就会越忽略到关系里出现的现实问题，这必然会让关系变得越来越糟糕。

02 生活中两种常见的认知僵化

在生活中，有两种最常见的认知僵化：偏执自恋和自我贬低。

偏执自恋的人，常常会觉得自己的想法都是对的，别人必须听他的，如果别人不认同他的想法，就是别人有问题。

自我贬低，是指一个人常常觉得自己不够好，认为自己缺乏生活能力，所以遇事时常会先放弃自己的需要和想法，总是以他人的需要和想法为中心。

偏执自恋和自我贬低在生活中表现出来的是两种极端。前者以自我为中心，后者以他人为中心；前者非常自大，后者非常自卑。

那么，为什么会有这样的两种极端呢？

实际上，这两者的背后都是低自尊、无价值感。偏执自恋的人看起来极度自信，就是为了避开内心觉得自己是不够好的感觉；自我贬低的人是放弃展现自己，也是为了避免坐实自己是不够好的。

所以，这两种认知僵化实际上都是一种自我防御，在过去是为了保护自己不再经历某种创伤，在成年之后却为自己的人生造成巨大的缺失。

比如，偏执自恋的人，常常让人觉得不可理喻，用自己认定的观点拒人于千里之外，基本上不可能拥有一段深入的关系。

自我贬低的人，看起来总是依赖他人，就像一个小孩，总是希望有人替自己做决定，又时常因为不被理解而委屈，活得十分压抑。

这两种人，一般很少会对自己产生好奇，比如，我为什么就觉得自己就是对的？或者，我凭什么就能轻易相信别人的主意呢？

没有这样的好奇心和反思能力，他们就会觉得自己这样子是理所当然的。即便问题已经让他们很痛苦了，也不会去尝试检验这样的想法是怎样来的，就一直停留在防御的位置，阻碍自己通过理解去发展出新的适应能力。

03 对自己保持好奇，能有效松动僵化

认知僵化的人，大多数时候停留在自己感觉的位置，并且把感觉百分之百地当成了现实。

实际上，这些被他们信以为真的感觉，没有经过检验，跟现实之间存在很大的距离。

并不是他们不知道如何去检验，而是潜意识中回避了检验的过程，为了避免再一次面对创伤。

所以，认知僵化跟我们的关系其实很微妙，它既保护了我们，又限制了我们。我们因为它的保护而受益，必然就会在某一天因为它的保护而受限。

如果我们完全接受它，那么我们的人生就会永远失去一部分空间；如果一下子全部推翻它，我们又会有强烈的不安全感，哪里也去不了。

好奇，是一种既愿意去理解和探索僵化，又对僵化保持尊重的态度。也就是说，好奇只是带着一个问号去看待问题以及自己的经历，并非去评判对错，也不是立刻强迫自己去改变。

很多想要成长的人，总是想让自己很快地获得改变，这往往不会奏效，就是因为缺乏了好奇的态度。如果我们一开始就想改变，而不是去理解，那么这种改变就不可能成功。

所以，我时常跟来访者强调，成长最重要的观念是：小步慢走。**那些指望一下子就获得根本性改变的人，会连第一步都迈不出去，而那些允许自己一步一步走的人，才真正掌握了成长的捷径。**

在好奇的第一步时，我们只会对问题保持关注和远远的观望，不靠近、不干涉，也不远离，这样我们就能感受到某种安全，又不被问题所困。

很多人难以理解好奇的作用，他们觉得好奇只是问了一些问题，但是又无法立刻获得答案，这对于自己的人生有什么用处呢？

实际上，当我们可以对困境问一些问题，并不急着去寻找答案时，就开始从感觉走向了意识层面，这是我们可以脱困的关键。

相反，那些不敢问问题、只想着改变的人，很快就会退回到原地。

比方说，一个人总是情绪失控，当他处于认知僵化的位置时，总觉得是别人导致他情绪失控，或者是因为自己没有控制好情绪，那么他的情绪更加容易失控。然而，如果他允许自己对情绪失控这件事保持好奇，试着问自己一个问题：我的情绪是怎么失控的？或者对于我的情绪失控，还有什么没有被我意识到的部分？当他问出这些问题时，他就开始跟自己的情绪建立一种既关注又保持距离的关系，他会立刻获得一种平静感，帮助他在意识层面更深入。

所以，不论你是处于何种认知僵化中，只要你觉得遇上了一个持久影响你的问题，你都可以带上好奇的态度。这就相当于在问题周围画上了一个圈，告诉问题你才是可以解决它的人，即便你此刻还找不到答案，但问题对你的影响会立刻被削弱。

如果说过去你100%被问题占据，当你可以对问题保持好奇心时，就可能有一小部分从问题抽身到意识层面，这部分正是帮助你某一天理解问题、解决问题的关键所在。

所以，很多人以为成长最重要的是改变，其实不是。成长是一场有意识的持续探索过程，最重要的第一步是靠好奇心去松动僵化，既能维持现有的稳定，又保有新的空间去发展自我。

轻治愈

1. 当你在生活中屡屡受挫的时候，你需要去寻找阻碍自己前行的答案。

2. 所有痛苦都来自极端，极端的核心就是认知僵化。

3. 克服认知僵化的唯一方式是：带着好奇，在现实中去检验它。

可怕的心理投射——如何打破魔咒活出自我

有一个很著名的吸引力法则：你相信什么，就会看到什么，最终吸引到相应的事物出现。

很多人觉得这很神奇，好像能把无形的精神世界转化成有形的现实世界，很不可思议。其实这背后是有心理依据的。

有一部著名的悬疑电影叫《煤气灯下》，影片中美丽的女主角宝拉继承了姑妈的一大笔遗产，并嫁给了一个既帅气又体贴的男人安东。

但结婚后，家里就接连发生怪事，每到夜晚，煤气灯就开始变得忽明忽暗，房顶还会传出奇怪的声音。

宝拉对于这些奇怪的现象感到恐惧，而丈夫安东却坚决否认，告诉宝拉她看到的和听到的都不存在，是她的精神出了问题。不仅如此，丈夫还会故意交给宝拉一些小东西，让她收起来，然后自己又偷偷拿走，过一段时间问宝拉东西在哪儿，宝拉找不到存放的东西，只得怀疑自己的记忆也出了问题。由于丈夫反复颠倒黑白，宝拉差点就以为自己真的精神失常了。

直到侦探柏林的出现，对方说他也看到了宝拉所看到的忽明忽暗的煤气灯，宝拉才开始对这一切产生疑惑，最后发现丈夫正是杀死姑妈的凶手。他如此对待宝拉，是蓄意让宝拉精神失常，好独占财产。

想想看，真的很可怕，如果没有柏林的出现，或许宝拉真的会精神失常。在宝拉丈夫对她的操纵中，不断曲解她看到的现象，让她开始怀疑自己出了问题。当她一直生活在这种错乱、无序的恐惧当中，她最终就会真的被吓出问题。

心理学上把这种效应命名为“煤气灯效应”，美国心理学家Robin Stern认为：这是一种难以识别的情感虐待和操纵，甚至难以摆脱。

这种从无到有，跟心理投射的心理逻辑是一样的，就是说：无论你做什么，对方都用一套标准来定义你，最终你会觉得自己真的就是这样的，并且你开始真的能从现实中找到证据。

01 什么是心理投射

心理学上对心理投射的解释，是指一个人将内在生命中的价值观与情感好恶影射到外在世界的人、事、物上的心理现象。

举个简单的例子，假如你今天对自己感觉一般，但我重复对你说："你今天状态真不错！"多重复几次，你或许会真的感觉自己状态挺好的。

相反，如果你今天状态还好，但我一直重复对你说："好像你今天看起来状态不是很好！"重复几次之后，你似乎也真的感觉有点不好了。

这种你感觉到的状态好坏，并非是你本身的感觉，而是我对你的一种投射。你看，只需如此简单，你就不知不觉被我影响了。

我们活在这个世界上，既活在他人对自己的投射影响之中，也在用投射影响着他人。正是因为这种心理投射的双向性，在你不具备足够自我意识的情况下，你就极有可能被他人的投射影响，并且也用自己的投射去影响别人。

比如，当我们还是一个孩子的时候，我们会很容易被父母的心理投射影响，他们说好，我们也觉得好；他们排斥，我们也跟着排斥，并且会相信自己理解的就是对的。

直到我们慢慢长大，开始有了对自己的觉察，我们才有可能分清楚哪些是父母投射给自己的，哪些是我们自己的，自己又存在怎样的心理投射，影响和阻碍到自己。

心理投射本身不一定会对我们造成伤害，但是某些畸形的心理投射会严重影响到我们的生活。不论你从什么样的环境里走过来，只有发展出足够的自我意识，才能避免自己深陷其中。

02 有怎样的心理投射，就会有怎样的处境

只要一个人的心理投射足够强烈，他的处境就可能完全被投射改变。

我经常看到这样的例子，比如一位妻子，刚步入婚姻殿堂，她感觉自己配不上丈夫，认为丈夫总有一天会抛弃她，尽管那时候丈夫还没有这样的想法。

当她有着这样心理投射时，她就会想尽一切办法来避免这样的事情发生。她会讨好丈夫，多做家务，多照顾孩子，连生活中最简单的交谈也是尽可能多照顾丈夫的想法。

慢慢地，丈夫就会感觉到这样的生活很无趣，因为他不过是在跟一个总是说“好”的面具妻子生活。

然后，丈夫可能会挑战妻子的极限，比如跟其他女性交往，妻子可能一开始会委屈，觉得自己为丈夫做了那么多，丈夫居然还要这样对自己。可是，过一段时间之后，妻子会对丈夫更好，因为她可能看到别的女性在某些地方做得比她好，于是她更努力了。到最后，婚姻就真的演变成了丈夫会随时抛弃她的样子。

一个自卑、低价值感的妻子，很容易把一个好男人变成一个渣男。

这位妻子的心理投射是：我是不值得被爱的，不会有人一直爱我的。带着这样的心理投射进入亲密关系，会把一段关系真的塑造成这个样子。

一个自卑、低价值感的妻子，

很容易把一个好男人变成一个渣男。

同样，我们再来说男人，如果一个男人具备这样的心理投射：我不值得拥有美好的事物。那么，他就可能一直贬低他的妻子，觉得妻子这也不行，那也不好，哪怕他的妻子本身并没有这么糟糕。

而在关系中，带着扭曲心理投射的人或者是被投射影响的人，大多都是处于无意识的状态，不知不觉就把关系变成自己想象中的糟糕样子，或者不知不觉就变成了对方最讨厌的样子。

这样的处境并非不可以改变，但是需要我们带着自己的意识，用好奇去开启一扇禁锢已久的认知大门，这样我们才能解除心理投射给自己带来的阻碍。

那么，每一个深受心理投射影响的人，如何才能打破魔咒活出自我呢？

03 如何打破心理投射的魔咒，活出自我

德国家庭治疗大师海灵格讲过这样一个寓言：

有一头熊，过去一直被关在一个极其狭小的笼子里，因为空间太小了，只够它站着。后来某一天，它被从笼子里放出来了，可以爬，也可以打滚，但它始终站着。

那个真实的笼子不在了，但似乎还有一个隐形的笼子一直限制着它，它可能会一直认为自己除了站着什么也做不了。甚

至，它可能会认为，别的熊也应该跟它一样站着才算正常。如果别的熊不按它认为的这么做，那就是侮辱了它的认知，跟它对着干。

我们再假想，如果它有了自己的配偶和孩子，它必然也会这样要求他们。

如果它的配偶有足够的自我意识，就可能条件反射地要逃跑。最终它会跟一个没有自我意识的配偶配对，日积月累对方就可能真的变成它要求的样子；它的孩子也会理所当然认同父母站着的逻辑。这样一个“隐形的笼子”就开始在家庭中传承。

当然，这个过程中不是毫无信号。当这头熊去要求它的配偶时，配偶可能会抛弃它，它可能在“亲密关系”中总是经历被抛弃、被冷漠对待的痛苦。当这头熊再去要求它的孩子也像它一样时，孩子可能会强烈反抗，导致亲子关系问题不断。

如果我们在亲密关系或者亲子关系里，常常感受到极其激烈的冲突和矛盾，或者时常感觉到压抑和委屈，我们首先需要做的就是多一份好奇心，看看这里面是否有不对劲的事情正在发生。

在我的咨询工作中，许多深受心理投射影响，甚至生活被严重阻碍的人，他们常常是等到无比痛苦时，求助心理咨询，才发现自己原来陷入了一个如此巨大的怪圈。

很多时候，我们会主动回避痛苦，但某些回避不了的痛苦就成了一个重要的信号，告诉自己可能已经陷入某些问题而未觉察。这时候，我们就需要对自己的经历保持好奇，对我们所深信不疑的部分保持觉察，如果你恰好也有一位专业心理咨询师的陪伴，那么你就会具备越来越多的自我意识，帮助你从僵化的位置走出来，不受他人心理投射局限，也不用僵化的投射去看待他人，你就会拥有一个越来越宽广的世界。

我曾经有一位女性来访者，她的妈妈非常焦虑，如果妈妈从别人口里听到她的任何不好，都会很细致地跟她讲。过去每当这个时候，她就特别挫败，觉得自己又搞砸了一件事情。

除了妈妈告诉她的事情，她还对生活中很多自己负责的事情有不踏实的感觉，她总是隐约觉得自己会搞砸。所以，无论工作还是生活，她一边想努力实现什么，另一边又总是畏畏缩缩，这给她的自我实现带来了很大的阻碍。

后来，我们一起去探究这是怎么回事。她才意识到，原来妈妈就是一个超级自卑的人，总是担心自己会犯错，所以她的妈妈把这样的担心投射到了她身上，一旦她做错了，妈妈就会说："我就说你做不好，你看你就是没做好。"慢慢地，她也感觉自己真的做不成任何事。

多年之后，她已经长大，但是这样的感觉一直伴随她走到今天。现在，每当看到孩子事情没有做好时，她也会用妈妈曾经对她的方式去教训孩子。

当她开始好奇，并且对自己的经历有了理解之后，她并没有马上发生很大的改变，但是她对自己的否定不再像以前一样强烈了。

有一次，妈妈又拿别人说她的问题来说事时，她的内心很清醒：这是妈妈的投射和焦虑，不是我自己有多糟糕。然后，她开始思考如何去处理这个问题，最后她处理得非常好。

当她可以把自己和妈妈的投射分开时，她发现自己的能力开始施展出来了，并且她越来越清晰地走向了跟妈妈不同的方向。当她有所变化时，她对待孩子的方式自然也变了，她的孩子也变得更自信了。

所以，即便我们每个人都可能深受心理投射影响，只要我们在遭遇痛苦时，允许自己保持觉察和好奇，我们就能从痛苦中重新确认自己，找到自己要走的路。

轻治愈

1. 当一个人的心理投射足够强烈，他身处的环境就可能因此被改变。

2. 在遭遇痛苦时，不要急着想办法改变，而是先允许自己对这一切保持觉察和好奇。

你迈出的第一步，
不可能恰到好处

时常有人问我：如果我想要自我成长，怎么做才是对的？

这个问题很多人都想知道答案，因为有了答案，就意味着有确定的方向和标准，然后努力让自己符合这个标准就好了。

然而，心理成长不像考试，每个人都拿着同一张试卷，有相对一致的标准答案。在我们成长的过程中，每个人拿到的试卷都不同，解题的方向也不同。

也就是说，即便你看遍了别人的人生，知道了很多种成长方法，当你回头面对自己的人生时，可能依然会惊慌失措，无从下手。

即便你通过自己的觉察和探索，找到了一个适合自己的方向，这条路也不是笔直顺畅的，仍然会充满曲折。

01 不能忍受曲折和反复，就无法迈出成长的第一步

如今，我们都有很多机会接触心理学科普，当你遇到任何问题，都不难从相关的文章里找到答案和标准。

我的许多来访者最初也是这样，他们遇到问题会努力分析找原因，然后从各方面获得建议和信息，确定自己应该怎么做才好。

看起来，这些建议都很完美。问题在于，当他们想要做到完美时，却总是无法做到，所以他们时常会责备自己，觉得没有做好是因为自己能力或者毅力有问题。如果往这样的方向去归因，他们很快就会怀疑自己，然后不断给自己施加压力，逼问自己：为什么别人都能行，只有你不行呢？越是这样，他们对自己要做的每次努力都会要求很高，如此带来的负面循环就是：他们受挫的机会越多，对自己的能力就越怀疑。

对于每个人来说，成长都需要经历一个过程，不可能一下就变成另外一个样子，而是允许自己慢慢探索、尝试、总结、调整，才会慢慢往另一个方向去修正和靠近。

所以，**成长的第一步最重要的不是正确，而是允许自己迈出一步**，不论这一步对我们最终实现目标来说是不是弯路，都是可以帮助我们成长的很重要的经验。

实际上，也只有当我们允许自己大胆去走，我们才能走出一条适合自己的成长之路。

02　成长就像荡秋千，无法把自己固定在一个位置

我做婚姻情感咨询多年，最常见的就是各种反复。

比如有一位女性，实在忍受不了她跟先生目前的状态，她希望改善他们之间的关系，于是来求助心理咨询。

某一天，因为一次争执，她感觉自己被先生否定了，那一刻她的内心觉得：我再也不要跟这个人一起过日子，我想立刻跟他离婚！

要是这个时候，她来寻求咨询帮助，她一定会把先生抱怨一番，然后真的开始设想要怎么离婚。如果你真的觉得她要去离婚，那就大错特错了。

当她抱怨完之后，回到生活里，她感觉好了很多，可能又马上去为先生做一顿可口的晚饭。如果这个时候她再跟你倾诉，她一定觉得生活还是有意思的，两个人的关系又比较满意了，还是很想好好过日子。

可是过两天，他们又吵架了，丈夫故意冷落她，她又很坚定地想离婚了。

如果换作身边的人，总是听她抱怨，又总是给她建议的话，那一定会觉得她不可理喻：怎么能三天两头地变换主意呢？一会儿想离婚，一会儿又要和好。

这种反复的感觉，和我们成长的感觉很像。就好像一个孩子跟你说“我要长大了”，但他还是会回家继续依赖父母。依赖之后呢？他又会回头来告诉你说，“还是待在家里好”。可

过两天待不下去了，他又来跟你说他想要长大了。

我们的成长就是在这样反复的过程中，一点一点被推出过去的轨道，走上新的轨道的。

比方说，你现在的位置就像地面，而你想要成长的位置，就好像在天空的某个星球，我们成长所要实现的就是连接天地之间的距离。所以当你第一次有一个愿景的时候，你才开始有一个目标和期待，你站在了天空的某个位置，而下一秒，你可能会重新落回地面，觉得现实好残酷，这样的目标好难实现。于是你会感觉到很无力，你又会回到自己的愿景当中，获得一些力量，然后再落回地面。现实仍然很难，但是通过获得的力量，你就可以在现实当中迈出一小步，即便这一步并不会带来根本性的改变。但就是通过这样一次次的摆荡，一步一步地走，某些想法的反复交替出现，我们在慢慢前行。

如果你过去的认知已经僵化得比较严重，一开始成长时还会特别极端。

比如，一位妻子过去在家里总是任劳任怨地付出，当我们去探讨这对她造成的影响时，她可能会说："如果我付出错了，那以后我就什么都不付出了。"

这种从完全付出到完全不付出，就是极端的情况。但是我们只有允许这样的情况出现，接纳她可能会从眼前的这端摆荡到另一端，她才能有机会松动过去僵化的位置，找到新的位置。

所以，我们应该明白：没有任何成长是一蹴而就的，也没有任何一次为成长所做出的尝试是恰到好处的。

03 允许自己犯错，才能支持自己走得更远

我的老师经常对来访者说："如果你想要你的问题获得更彻底的解决，最好在我们咨询结束前还能反复几次。"

这听起来不可思议。为啥好得更彻底，还需要反复呢？

因为我们的很多意识和觉察都是从问题中来的，问题反复看起来不被欢迎，却给了我们更多的机会去好奇、理解和确认，这不仅可以更好地帮助我们理解问题，也可以检验自己面对问题的能力。

所以，无论是自我成长，还是做心理咨询，如果你希望自己一开始就是正确的、没有偏差的，那么你的第一步就无法迈出。即便你为正确的第一步殚精竭虑，也会一直处于犹豫的阶段。

有一种追求完美的防御就是这样，用追求完美的目标，来回避自己一直不肯迈步的回避。

有社会阅历的过来人经常会教育年轻人说："你最好在很年轻的时候，就把可以犯的错误都犯一遍，这样你就可以积累经验，快速成长。"

如果你有很长远的目标，通过主动犯错来获得经验也未尝不可。我们可以确定的是，如果一个人一直避免自己犯任何错误，他的成长就不会开始。

犯错和成长是一对孪生姐妹，回想我们从婴儿到成年的过程，无数次犯错，才让我们具备基本需要的生活经验。然而，

当我们长成大人时，或许早已经忘了自己经历了什么，却指望自己可以完全不犯错就完成心理的成长，这显然不可能。

所以，如果你有一个远大的目标，想要走得足够远，那么你需要忽略眼前细碎的步子是否迈得足够完美，这样才能把眼光聚焦于全局，而不再被眼前所局限。

轻治愈

1. 如果你总是原地踏步，可能是你给自己的第一步设定了太高的标准。

2. 当你开始成长时，不要总想着一鸣惊人，要允许自己有很多次不完美的尝试。

在任何关系里，
理解都比认同更重要

在这个世界上，活得很痛苦的人，往往都有一个特点：无法理解别人为什么会是那个样子，经常很抓狂，觉得全世界都在惹自己生气一样。

比如，如果你在跟一个人谈恋爱，对方今天突然对你很冷淡，那你一定很纳闷儿，会想想这是怎么回事，有什么原因。而对于另一些人来说，可能就完全不能理解，他们会认为：你跟我谈恋爱，那一定是很爱我。你对我冷淡了，那肯定是你不爱我了，那我要考虑跟你分手了！这样的人常常会让对方感到莫名其妙，也会让他自己感到十分痛苦，紧接着还会进一步愤怒：你怎么会不爱我了呢？你怎么能说不爱我就不爱我了呢？

当一个人面对任何事情，在没有深入了解的情况下，就很快评价和下结论时，说明这个人的认知力很狭窄。

这样的人表面看起来显得理性，喜欢分析和寻找答案，实际上这个过程完全是他们的主观臆断，并不指望获得现实的检验。如果他们把这种主观臆断当成事实，就会表现出极端的认知僵化。

这样的人，可能平常最渴望被理解，但是在关系里，他们又总是先入为主地评判他人。这让他们看起来总是高高在上、咄咄逼人，被理解的机会就更少了。

所以，当一个人认知力很狭窄时，会无法进入深度的关系，同时自己也会因为没有亲近的关系而倍感孤独。

01 在任何关系里，理解都比认同更重要

我有一个阿姨，说话心直口快，说出来的话经常特别伤人，但是她人又热心肠，且十分善良。不管哪家遇到困难，她都会站出来说几句公正话。她觉得：为你好，就应该对你说真话，所以好与不好她都会直接说出来。

当她这么直接表明认同和批评的态度时，关系看起来就很缺乏人情味，就只剩下生硬的评判。她这样得罪了很多人，大家都知道她人好，但就是不愿意靠近她。

她也为此十分苦恼，觉得自己是把关系看得最重要的人，在关系里最实诚，这样掏心掏肺地对人好，为何大家都不理解她的心。

和这位阿姨一样，我还经常看到很多夫妻，总是直接评判对方的行为。问及原因，他们会说："因为她/他太差劲了，我实在无法认同。"

认同需要高度的一致性，但关系中很多问题是根本无法做到一致的。所以，做不到认同很正常，但在很多人的感觉里，如果无法认同，关系就无法深入了。

那么，关系是只能靠相互认同来支撑的吗？

在这之外，我们还会看到一种关系，即便两个人在一些时候无法认同对方，却能够理解对方，这样的关系一样可以发展出非常深厚的连接。

所以，我们可以大胆猜测，关系需要有一些认同的基础，认同却不是关系亲近的必要条件，理解才是经营关系非常重要的关键。

那些在关系里能够理解别人，也能够被他人理解的人，不会为做不到认同而苦恼。只有那些想要深化关系，却缺乏理解他人能力的人，才会觉得无法认同是个大问题。

02 为何他不具备理解他人的能力

综上所述，我们看到那些无法理解别人的人，常常会带着对错、好坏、有用无用等二元对立的眼光来看问题。

比如，你今天在公司遇到一件很不开心的事情，你回家第一时间告诉你老公时，他却对你说：“你这样做，本身就是你的不对，原因是……”

听到他这么说，你一定会感觉不被理解，心里更堵得慌。

如果遇到任何事情，对方都会站在这样的立场跟你分析对错，那么可以初步判断这个人可能缺乏理解能力。

当一个人理解能力缺乏时，他看问题就会只关注某个点，或者两个极端的点，比如，你应该怎么做，或者对的是怎样的，错的又是怎样的。

他为什么会这样看你呢？因为他也是这样看自己的，他评判你的标准，也是他评判自己的标准，都是非常严苛的。他自己所在的位置是某个点或者某两个点，那么他就只会以他所在的位置来理解你。在这些位置之外，他就无法理解你。所以，缺乏理解能力的人，常常在关系里很费劲，无论如何掏心掏肺地对他人好，努力去帮别人，却仍然被人排斥。

我们每遇到一个事件或者一个问题，都可能会有很多的感受和情绪，无法放到一个简单的位置去评判，所以不被理解的时候总是痛苦的。

所谓理解能力，就是即便你当时并不亲身经历对方所在的位置，你依然可以理解对方的感受和体会。

你能理解一个跟自己处在不同位置的人的感受，只有一个可能：不论你是否经历过跟对方类似的事情，但你有过类似于对方的感受。

当你曾经体会过，你就能站在现在的位置上重新体会到那种感受；当你向对方表达你体会到了类似感受，那就达成了一种理解。

所以，一个人是否能够理解别人感受的多样性，常常取决于他能否理解自己感受的多样性。如果他不能理解自己的多样性，他对自己的认知就会十分僵化，那么他看待别人也会很僵化，关系发展就会遇到严重的阻碍。

03 你理解自己多深，理解别人就多深

我曾经有一次外出培训，几个同学一起聚会，一个同学谈及自己在体制内待了很长时间，单位要求特别严格不说，各方面待遇还不太理想。

看起来是在抱怨处境的艰难，但是我似乎看到这个同学有一种很自豪的感觉。所以，同学们都在安慰她说："再等等更好的机会吧！一切都会好的。"她也很客气地会回应大家的好意。

我说："在你今天所做的事情里，一定有一种很坚定的东西在吸引你，它对于你的意义远远超出了外在的报酬，因为你整个人看起来正在发光！"

同学很意外，觉得不可思议，居然有人能理解她。

其他同学也很惊讶，没想到我会从这个角度理解她。

实际上，我理解这位同学，是因为我有过类似的体会。我曾经为了自己喜爱的事情，放弃过更好的机会，虽然条件很艰苦，但当时内心感觉很满足、很值得。

那么，很多人就会问：如果我没有过类似的经历，是否就不可能理解别人了。

实际上，我们每个人都有着十分丰富的经历，只要不忽略

自己的感受，能够理解自己的大多数经历，这对于理解他人来说就已经足够了。

而如果我们对于自己的经历缺乏好奇，同时也习惯了压抑自己的感受，总是否定自己的想法，那么我们可能就无法理解自己，理解他人也会变得艰难。

所以，你能理解自己多深，就能理解别人多深。当你觉得无法理解别人时，往往意味着你对自己的认知也是僵化的，这首先需要你对自己保持更多的好奇，才能获得更多理解他人的经验。

我们理解自己的过程，最终必然会带来认知僵化的松动，为我们理解他人带来新的空间，为关系发展带来新的机会。

轻治愈

1. 理解并非是去评判好坏对错，而是能够设身处地地理解对方想要表达的情绪和情感。

2. 理解和认同的区别在于：你能做到理解所有的人，但你无法认同每一个人。

3. 你理解自己有多深，理解别人就有多深。

认知力：
先允许给自己留空间，
才会有理解出现

上篇文章里，我谈到当一个人认知力很狭窄时，他能理解自己的空间是很有限的，对别人的理解也十分局限，这种认知僵化现象会严重影响关系。

如果保持这种既定的模式，又会影响他进一步发展自己的认知力。

打个比方，我们很在意一个人，想用一个杯子给他装水，但是我们不知道自己用的这个杯子有很多漏洞，不论你装了多少次，最后都是水漏光了。时间长了之后，你可能会十分无力，埋怨自己为什么装不到水，又埋怨别人为什么不帮自己装水。

这显然不是水的原因，也不是你努力的问题，而是你杯子漏洞太多，不管你如何努力，都无法把杯子装满。

也就是说，一个人越是认知力狭窄，从生活经历里去获得新的认知就越不容易，他会自动忽略掉很多促成理解的机会，僵化在已有的认知里，十分努力，十分痛苦，又十分无助。

所以，认知力狭窄的人，想要拥有更好的关系，或者想要摆脱痛苦，就必须让自己的认知力获得重新发展。

那么，我们要如何从僵化中重新发展自己的认知力呢？

01　允许自己好奇，为发展认知力留出空间

认知力狭窄的人常常都是急性子，知道什么马上就会去说、去做，大多数时候是出于直觉反应，没有经过太多自己的思考和意识检验。

如果你问他们：不着急去这么做，会怎样？

他们会告诉你：这太煎熬了，无法忍受不去行动。

然而，如果一直持续这样的模式，他们就失去了发展认知力的机会。

是什么让他们无法停一停，去感觉一下自己和他人，再重新整理这些自己接收到的信息呢？

因为这些更多的信息，会让他们感觉到更多的不确定性，当越多的不确定性出现，他们就会越感到不安全，所以会努力回避现实存在的不确定，用一个自己给出的绝对确定性去取而代之。

这时，我们就会看到，明明关系里存在很多可能，认知狭窄的人就会认定一种可能、一个过程。如此简单化，让他们重

新获得了应对现实的胜任感。

好比我们前面打过的比喻，当一个人觉得“恋爱中对方在他面前看起来不高兴就是不爱他”时，看起来非常偏激，但是他会因为自己这种看法而获得稳定，比如直接考虑分手，或者不再搭理对方，这样他们看起来就拥有了面对现实的能力。而一个认知力正常的人，可能就会有各种疑惑，不知道对方是怎么回事，可能会去沟通，可能会再做观察，如此一来，在没有获得更多的理解之前，实际上就什么都做不了。认知狭窄的人，无法承受这种不确定，所以会反向而行，即便看到很多不确定性，也会默认成某种确定性，这样就越加局限了他们接收信息的能力。

实际上，很多人都明白，现实生活中发生的一些现象，不是他们看不到，而是他们选择了自动忽略，最后才导致问题变得越发严重。

在生活这门功课里，我们每当想回避某个问题，获得暂时的安全时，等待我们的往往会是一个更恐怖、更让人无助的深渊。

事实上，当我们越看到自己十分急切时，就越需要去好奇，先跟自己进行对话。比如：

当你总是忍不住要去评判什么时，你可以问问自己：这一刻，如果我不这么做会怎样？

当你看到很多不理解的信息，却主观臆断一定是如何时，你可以问问自己：真的只有我想的一种可能吗？还有没有什么可能是被我忽略的？

当你感觉到不确定时，你可以问自己：这一刻，如果我接受这个不确定，会怎么样？如果我不急着马上去做点什么，又会怎么样？

发展认知力的前提，就是要允许自己好奇，问自己一些问题，即便问了问题之后，你依然还是做不了什么，也可能忍不住像以前一样付诸行动，但允许好奇会让你从以前的确定中打开一丝裂缝。

这个裂缝，就是新的阳光照进来的地方。

02　接受自己的局限，你才可能收获更多

有的人会觉得这样的好奇太痛苦了，因为这会让他们感觉自己很无能，无法立刻去掌控现实。这种挫败感是正常的，也是必须经历的一个过程。

一个人只有看到并接受自己的局限，才可以理解更多，最终才会收获更多。相反，如果我们觉得自己是一杯很满的水，那么我们就无法再装下那些更重要的东西了。我们必须让自己现有的部分先消减一些，甚至可以慢一点，从小步开始，让新的可能有机会进来。

无法接受自己局限的人，就好比一个开车的人无论遇到什么样的情境，都不允许自己踩刹车一样。踩刹车可能让你暂时受挫，却能让你避开必要的危险，这样你到了好的路况时，才能加速。否则，只顾僵化前进，难以到达更宽阔的道路。

接受局限，常让人感觉自己很不好，但这同时也是新生的起点。当你不再觉得自己无所不能，你或许会失望，但也会更放松，越接近自己的真实，就越能帮助自己。

我曾经有一个女性来访者，跟她丈夫的关系很糟糕，她总是看不惯丈夫做的很多事情，常常忍不住指责丈夫。她时常为他做的各种事气急败坏，她开玩笑说，如果继续和丈夫这样过日子，自己起码会少活一半的时间。

当我们一起去看他们的问题时，发现无论遇到什么事情，这位女性总是觉得自己的想法是对的，认为自己解决问题的办法是最完美的。

从现实角度去看，的确她面对很多问题都有着挺好的解决方案，但是她的解决方式并不是唯一的，她丈夫面对问题的方式也有其可行性。关键是，她丈夫用自己的方式解决问题会很容易，如果一定要用她的方式，就会非常艰难，做起来还非常别扭，并且总是不能让她满意。

后来，我们谈到她丈夫的成长经历，发现有很多她无法理解的地方。于是，我们做了一个确认：她对自己生活的确定感是重要的，但是对于有着不一样经历的丈夫，该如何用一种适合他的方式去解决某一个问题，她并不擅长。

看到这样的局限之后，她瞬间感觉轻松了。她说："我原来觉得他应该跟我一样，但他毕竟不是我，所以我也不该把他强扭得跟我一样，即便有的方式我很不认同，我也可以看看他的方式对他有怎样的可行性。"

半年之后，她告诉我说，越来越觉得丈夫也有很多想法，不再像以前一样让人讨厌了，现在他们关系也变好了。

所以，有时候，关系非常奇妙，真正影响关系的往往不是某个无法改变的问题，而是我们看待对待关系的狭隘认知。只有我们接受自己身上存在的局限，才可能让自己活得更自由一点。

03 即便不理解，也要留出理解空间

有的人会觉得，即便你说了要保持好奇，要接受自己的局限，我还是一头雾水怎么办？我仍然理解不了，怎么办？

这是个很常见的状况，我们需要理解的是：很多东西不是马上浮现出来的，但即便没有浮现出来，我们也要留一个空间来等待它的浮现。

发展认知力的关键就是：即便你现在不能理解，也要留一个空间，等待自己去理解。

就好比，你在一个水龙头面前，想接水，那么你必须提前准备好容器，才能好好利用这些水。否则它真的出来的时候，因为没有容器，水就会很快流失。

所以，发展认知力，从不理解到理解，不是靠急切就能完成的，相反我们需要足够的耐心，先确认这对于自己非常重要，才会很坚定地给自己空间去等待。

在我的工作中，很多人来做心理咨询，这一周谈到某件事情很迷惑，完全不能理解，但是我们会对这件事保持关注，因

为当它足够强烈地影响到来访者，我们就会意识到这里面一定有一些重要的东西。

我们通常会给出一周的时间去等待感觉的浮现，下一周再谈及这个事情时，常常就会发现有新的内容出来。

这个过程跟我们发展自己的认知力是一样的，一下子理解不了，并不是我们不再去理解的理由，只有当我们愿意去理解，保持足够的耐心，我们才有可能发现越来越多，理解越来越深。

在这个过程里，我们的认知力就会逐步得到发展，我们也会因此把更多信息纳入自我意识，获得更多的机会来发展自己。

所以，当你遇到自己不理解的事情时，最重要的不是要求自己马上去理解，而是允许自己先准备一个稳定的空间去理解。当有了这个空间，理解才会自然出现。

轻治愈

1. 能接受一定程度的不确定，给自己留出空间，才会有理解的出现。

2. 一个人只有接受了自己的局限性，才能感同身受地理解他人。

3. 发展认知力需要足够的耐心，等待着自己的感觉往上浮现。

/ 第四章 /

感受力：断舍离，把内心整理成幸福容器

自我的心理空间：
别让有限的自己，全留给过去

“断舍离”的概念从前几年就开始流行起来，最开始这是一个关于外在物品或者房间整理的术语，后来演变成了一种人生态度。

之所以需要断舍离，是因为我们拥有的空间总是有限的，不管是现实的可见空间，还是我们内在的心理空间。

当我们的现实空间被很多不重要、不想要的东西占据时，我们就不能有更多的空间存放喜欢的东西，人生就会一直活在过去的限制里。同样，当我们的心理空间被很多痛苦的感受占据时，我们就不会有更多的空间来获得和存放新的感受，内在感觉就会像死水一般停滞在某个位置。

01 别让有限的自己，全留给过去

曾经有一位女性来访者，找到我时，她已经跟男朋友分手七年了。她对异性有很深的成见，不仅不愿恋爱，连单独跟异性说句话都非常罕见。

她的口头禅是："没有一个男人是靠得住的。你看看我，不要男人，不是一样活得很好吗？"

实际上，只有她自己觉得自己活得很好，旁人一眼就能从她郁郁寡欢和憔悴的神态中看出端倪——她活得一点也不好。

她拒绝跟别人提起过去的事情，也不允许别人说起她的前男友。即便面对咨询，每每谈到过去，也会很快停下来说："都过去了，说了也没用，还是不说了。"

她来找我做咨询，并非是因为过去的情感问题，而是因为工作问题。因为在原来的岗位上，工作三番五次不达标，领导把她调到了一个非常轻松的岗位，她仍然达不到最低标准。

她是老员工了，公司顾及情面才没辞退她，但是上司已经找她谈话了，说如果这样的状态一直持续，上司也留不住她。

她不想失去工作，但是工作时她时常是恍惚的状态，发呆、走神，无法集中注意力，自然就不会有高的工作效率。她很想改变自己的状态，却感觉一点劲儿都使不上。

咨询几次之后，我试着问及她的过去，几次都被她回绝了。后来，我告诉她，她目前这种缺乏力量的状态，可能跟她前一段感情经历有关。她说："我很清楚这跟什么有关，但是我不愿意再触及那些记忆。”

再后来，我们的咨询中断了。

看到她的人生全被过去占据，我感到非常遗憾，但又无能为力。那些尘封在她心里的过去，已经占据了她的现在和未来，以至于她没有空间去活出更好的人生。

所以，如果一个人存在一些曾经没有被好好处理的情绪和情感，受创伤的程度越深，回避的程度越大，自我空间就可能被占据得越彻底，以至于没有任何空间留给现在的生活。

02 所有压抑下去的东西，都会占据心理空间

然而，这位女性的初衷是不想让自己过得太糟糕，甚至她还在不断努力证明自己没有男人也可以活得很好。

当我们朝某些假象去努力时，就必须把很多感觉剔除出去，比如告诉自己：不要再想过去的事情，想了也不会有用。这样，她对于这段重要感情的感觉，还没有来得及好好整理，就被全部压了下去。

与被压抑的情感同步的是，她的很多感觉也必须被抑制，比如她会装作满不在乎的样子，而实际上那些压下去的东西，因为无法向别人诉说，也无法靠自己去整理，就会一直累积且越来越多。

所以，**那些总是回避某些经历、感受、情感的人，恰好是**

通过回避的方式去封存这部分创伤，让自己永远活在一个好不了的创伤里。

有时候，作为人类，我们总觉得自己很聪明，以为可以控制自己，欺骗自己的感受。实际上，面对一些痛苦的经历我们什么都做不了，唯有陪着自己去经历、去感受，才能将往事好好安放，否则你以为过去了，那些影响其实时刻都在伴随着你。

03 从面对现在开始，逐步整理过去尘封的自己

有人问：如果我感觉自己的心理空间已经被过去占据了，那要如何去解决过去的问题呢？

实际上，无论我们被卡在哪个地方，整理的入口都应该从现在开始。过去已经发生了，现在还在持续发生，只有我们先从面对眼前的问题开始，借助这个锚定点，我们才能找到理解过去的脉络。

所以，在一开始，你不需要把过去的经历全部拿出来复盘，细细寻找哪里不对劲，因为如果你习惯压抑自己的话，很多感觉或许你已经不记得或者感受不到了。你只需要从现在的自己开始，不让今天的问题继续淤堵，不为自己增添新的负担。当你因为面对现在而获得了一点空间，你才有精力逐步看向自己的过去。

面对问题的方向是逆向的，当我们的内心已经被过去满满地占据，我们显然无法一下子从中抽身。尽管如此，我们还可以通过残存的空间去蓄积新的力量，再回头面对过去的问题。

我有一些自我空间被占据得很严重的来访者，他们生活得非常痛苦，让他们每周抽出一个小时给自己都很艰难。

面对这样的困难，我总是让他们学会为自己留出空间，比如每周必须留给自己一个小时做咨询，或者每天必须有某个时间雷打不动地留给自己做某件事情。

为什么他们需要这样做呢？

当他们要为自己留出一些时间，就必须去挤压其他时间，借助争取来的这点空间，他们才会有意识地面对自己现在的感受，觉察自己正在经历什么，这样才会开始有一点现在的空间。

通过面对现在的自己，触及很多感受，累积更多的经验，才有机会逐步去整理过去的自己，为自己未来腾出更大更宽阔的空间。

所以，无论何时，不论自己有怎样的感受和体验，我们最需要做的是面对和整理它，而不是忽视和压抑它。

所有你遗留下来的功课，都会一直留在那里，等着你去补回来！

轻治愈

1. 一个人越回避过去的痛苦，自我空间就被痛苦占据得越多。

2. 那些过去的痛苦，只有被你认真面对过，才会释放出新的空间让你去发展自己。

心理的自愈功能：
不阻碍问题的流动，
才不会被问题困住

安慰困境中的人，我们常常会说这样一句话："一切都会好的，时间会冲淡一切的！"

但我们真的能把问题交给时间去解决吗？很多人都会不放心。

那么，我们不放心会怎样呢？就会给自己加速度，催着自己赶快去解决。然而，这样我们又会陷入另一个困境：越想解决问题，越急着改变自己，越想成长得快一点，越容易自暴自弃，寸步难行。

因为我们忙着赶快解决问题，实际上是一种回避，阻碍自己去经历本来可能有的自我疗愈的过程，我们就更容易被问题卡住，越努力就越无力。

01　问题会带着我们往前走，只要我们不挡着它的路

我有一位来访者，是个26岁的女孩，她大学毕业就回到了父母所在的城市。她回家的原因是，觉得父母只有自己一个孩子，回去可以让他们放心。

回家后她却跟父母非常疏离，明明离家很近，周末完全有时间可以回家跟父母聚聚，她就是很不情愿回去。每次想到这点，她就感觉自己很混蛋，觉得父母为自己付出了那么多，供自己上大学，找工作，买房子，真是一颗心全放在了她身上，可她就是连对父母稍微多一点关心都做不到。

后来有一次，她妈妈生病了，她依然没有回去，她父亲也说她："你离得这么近，都不来看看你妈妈？"

她感觉很内疚，却没有动力去做点什么。看着父母一天天老去，她心里特别着急，她担心等有一天父母离开了，才后悔没有好好爱过他们。她的心里有着明显的冲突：知道应该好好爱父母，但就是爱不起来。

我问她："你觉得孩子对父母的感情里，除了爱，还可能有其他什么吗？"

她说了很多，比如感激、报答、信任等，唯独没有任何负向的情感。

我们去探讨，在她过去的成长经历中，是否存在一些自己觉得不该有的感觉。

她说："是的，我时常埋怨父母，甚至很恨他们，但是我

又觉得这不应该。”

这样的感觉，她在初中时就有了，当她意识到自己有这样的想法时，她就觉得这样的想法很不好，于是她努力想让自己变得成熟懂事一点，告诉自己：无论父母怎么做都是为你好！你应该好好爱他们！

所以，每当她和父母有任何冲突或不满时，她都会克制自己的感觉，告诉自己应该去爱父母。慢慢地，她的感觉就变得越来越弱，甚至父母做任何事都无法再惹她生气了，但她跟父母之间就好像隔了一堵墙一样，难以亲近。

究其原因，是她太追求迅速懂事了，这阻挡了她真实的感觉——恨的浮现，哪怕她对父母有爱，这种爱的感觉也会一同被抵挡在外。

这就好比，我们身体有了一个伤口，伤口因为腐烂有了脓包，如果我们太怕这个脓包影响我们的健康，想把这个伤口赶快缝合一起，那么脓包被夹在中间，就会妨碍长出新的组织。相反，如果我们直接面对这个脓包，脓包总会被清理干净的，伤口也总会复原的。

心理上遇到的问题也一样，如果我们总是急着让问题得到解决，那么我们就可能急着做一些事情，去阻碍问题自然的发展，这反而让我们一直被困在问题当中。

02 问题会带来两种变化：内在的和外在的

那么，如果我们不阻碍问题的自然发展，会是什么样子呢？

问题常常会带来两种变化：内在变化和外在变化。

内在变化是我们的感受、情绪、情感的变化，外在变化是关系和现实处境的改变。

我们用上面案例中的女孩举例，当女孩上初中时，她很敏感，时常会因为同学关系感到不开心，当她回家告诉父母时，父母总是说一些很伤人的话，比如：

“她都惹你不开心了，你还下贱去找人家，你要不要脸哪！”

“就你问题多，你看×××，成绩又好，怎么没有你这些问题！”

“你看我们为你这么辛苦，你就考这点分数，对得起我们吗？”

每次听到父母这么说，她的心里都很不是滋味。有时候她感觉很愤怒，觉得父母总是站在对立的角度来评价她，她觉得父母不应该这么对待自己；有时候又感觉委屈，她多么希望能被父母理解，可是无论遇到什么事，父母都从来没有给过她肯定和支持。

这些愤怒和委屈，她一直放在心里，只有她一个人知道。每次父母骂她、指责她、教训她，她从来都是默默听着，没有一句反驳，难受的时候就一个人默默流泪。

有一次，父亲因为一件小事扇了她一耳光，她特别痛苦，心想：我没有这样不讲道理的父母，我再也不要跟他说话了。当这个想法冒出来的时候，她自己马上被吓住了。她想如果自己真的这么做，父亲会有多伤心哪！这样的做法是很不孝顺的。于是，她很快安慰自己说：即便父亲打了你，可能也有他自己的苦衷，他一定是为你好，你不跟他计较就好了。慢慢地，父亲说什么、做什么，她都无所谓了……

这个女孩跟父母的关系矛盾，唤起了她内心的一些感受、情绪和情感的变化，这就是问题带来的内在变化。如果她接纳了自己这些内在的变化，那么她就可能因对父母不满而开始有叛逆心理，这会让她因为对父母失望而开始去发展自我的空间，逐步走向独立。这就是问题带来的外在变化。

而这个女孩并没有这么做，当她压抑了问题带来的内在变化时，她就无法接收到问题带来的外在变化。所以，她在跟父母的关系中被卡在一个位置，既无法独立，又无法跟父母亲近。她一直处于一种矛盾的状态中，想独立又放不下父母，想跟父母有更多的机会靠近却又无法靠近。

所以，当一个问题出现的时候，必然会带给我们一些内在和外在的变化，如果我们不压抑自己内在的感受，不抗拒这些变化，那么我们就能通过问题带着自己走向新的整合，完成问题之后的自我疗愈。如果我们抗拒这些变化，那些问题带给我们的内在感受仍然存在，但就会永远停留在这个地方，让我们既无法获得新的感受，也无法从问题里收获更多的经验。

03　跟随自己的问题前行，最终我们会被疗愈

那么，为什么那个女孩会压抑和回避自己的感受呢？

因为当我们遇到一些陌生的问题，或者心里出现一些陌生的情绪和感受时，可能会让我们感觉很不好，担心自己会彻底失去平衡。

就像那个女孩觉得自己对父母愤怒是不应该的，如果这样下去自己就会变成一个不孝顺的孩子。实际上，这种感觉是不会一直持续下去的。当我们允许问题自己去走路，问题就不会让你停在一个地方，它会带着你从感觉不好的状态到达更好的位置。

这让我想起一部电影*Eat Tray Love*，中文译名叫《饭祷爱》。电影里的女主人公Liz有着别人向往的理想生活，生活十分优越稳定。但她感到很迷茫，于是她结束了令她疲惫无比的婚姻，孤身一人踏上自我探索之旅。

一开始，她特别拘束，她的理发师告诉她："无所事事的快乐，意大利人是专家。你们不懂得什么是快乐，我们的快乐从不需要别人提醒。"

这提醒了她，好像她从来都不敢追随自己真实的感觉。她开始在大街上跟人大声说话，加上夸张的手势；鼓起勇气折回去买自己喜欢的长裙；可以陶醉地吃意大利面；可以对担心发胖的女同伴说："有几个男人在床上看到你肚子上的游泳圈，就马上让你滚蛋的？没有。"

后来，她看到奥古斯都遗址，听着旁人讲述这个遗址经历

的辉煌、洗劫、冷落、废弃，她说：“这就像一处处的伤口，痛得令人难以忘怀，就像我们都想改变，却怕改变就一发不可收拾。当我看到这个地方，想到这里历经的沧桑，历经周折被烧毁洗劫，却仍然屹立不倒，于是我释怀了。”

她的感悟，说出了很多人的状态：想改变，又害怕改变。实际上，我们能变到哪里去呢，不管怎么改变，我们始终还是我们自己，永远都不会失去自我的平衡。

到后来，她遇到一段让她心动的感情，但是她很怕失去平衡。一个巫医告诉她：为了爱情放弃平衡，也是人生平衡的重要一步。于是，她重新留了下来。

人生中总是会出现很多的问题，让我们感觉自己已经失去了平衡，实际上这恰恰是在帮助我们寻找新的平衡。

每一个问题都带着巨大的能量和资源，常常比我们更睿智，只要我们不抗拒它，借由这些问题，我们就能活出越来越好的自己。

轻治愈

1. 问题会说话也会走路，它会带着我们通往疗愈，只要我们不挡住它的道路。

2. 问题会带来两种变化：内在变化和外在变化，这都是我们成长的机会。

3. 失去平衡，恰恰是为了找到新的平衡。

只有贴近自己的感受时，
你才真正属于你自己

我经常会被问到一个问题：如何才能做自己，活出自己？

想想看，活出自己真的很简单，那就是知道自己喜欢什么、想要什么、追求什么，只要能被社会接纳，尽可能按自己所思所想去做就好了。

可是，很多人又会有另一个问题：如果我不知道自己喜欢什么，怎么办？

我会说，多去尝试体会就知道了啊。

那么他还会再问你：我该尝试什么呢？

你说：那肯定是随着自己感受来啊！

他说：那要是我不知道自己有什么感受呢？

那些很懂得按照自己想法去活的人，常常会感觉不可思议，一个人怎么可能不知道自己的感受呢？

但是，在现实生活，真有一部分人不知道自己的感受，不知道自己喜欢什么，不知道自己想干什么，只有把自己放置在好的、应该的、有道理、对的标准下才觉得安全。他们会过度

关注他人的看法和建议，喜欢用生硬的道理来判断行事。很遗憾的是，他们活着，却从没有为自己活过。

01 远离自己的感受，就像飞机失去了雷达

我有一位来访者，总是很容易焦虑，什么事都做不了，只能靠药物来维持情绪稳定。

后来，通过多次对话，我们发现一个规律：当她在生活中跟他人有一些不愉快互动的时候，最容易引发她强烈的焦虑。

随后，我们更详细地去探究到底是什么引发了她的焦虑。

她谈到有一次跟先生互动，之后她就变得十分焦虑和烦躁；再回忆之前的经历，孩子在哭闹，先生生气地指责她，认为孩子爱哭是被她惯坏的。

我问她当时有什么感受，她说很不舒服。

我问她具体是怎样的不舒服。她说，有委屈和愤怒。她愤怒的是，先生既然不帮她带孩子，凭什么还要高高在上地指责她；委屈的是，她觉得先生说得没错，是她把孩子惯坏的，即便带孩子很辛苦，她对此也无力反驳。

当她对先生有一些情绪，又自责确实是自己没有带好孩子时，她就开始压抑自己的感受。明明她的情绪是因先生而起，可以指向先生，但是压抑之后，情绪没有指向，就变成了无边的焦虑，感觉又犯病了。

然后，焦虑让她总觉得应该马上做点什么，但她什么都做不了。于是，她开始感觉什么都没有意思，做什么都提不起劲儿，每天很麻木地完成一些日常事务，一点都开心不起来。

现实生活中有不少这类型的人：不知道自己喜欢什么，不知道自己要什么，除了机械地上班、照顾孩子、整理家务，不知道做什么能让自己快乐，这是长期远离内在感受的结果。

这样的状态就像一个人活着却没了骨架的感觉，又好像一架飞机在天上飞着却没了雷达，不知道自己在什么高度，要飞往哪里去。

这样导致的结果就是，我们失去了自己的力量，随波逐流，无法追求人生更大的目标，也丧失了生命的活力和激情，无论是工作、生活，还是与他人的关系都会受到影响。

02　感受不分对错好坏，只是告诉你内在的感觉

有的人可能会说：可是如果我有一些感觉很糟糕，想法很极端，那我就不得不把它压下去，否则会失控的。

比如，有一位来访者谈到她高中的时候抑郁。起因是她跟妈妈发生了激烈的冲突，对妈妈感到很深的愤怒，然后妈妈去剁肉，她听到菜刀砍在案板上的声音，就开始颤抖，她很怕自己会忍不住拿菜刀砍妈妈。

之后，她就开始抑郁。当她脑子里冒出想伤害妈妈的念头

时，她非常害怕自己会失控，所以无意识地选择通过抑郁来压抑对妈妈的愤怒。这样她就整日消沉，情绪低落，没有力量，以至于不得不靠药物帮助才能正常学习。

然而，很多年过去了，她依然只能保持着跟妈妈很疏远的关系，她依然很害怕那些不好的感受会倾巢而出伤害妈妈。

还有一位来访者，也对妈妈有许多不满，但她总是觉得自己应该原谅妈妈，觉得妈妈有她自己的局限和不容易，所以她每次提到不开心的事情都是以开玩笑的口吻说出来。她觉得如果自己真的去生气，去恨妈妈，那自己就是一个不孝的孩子，觉得这样的自己很糟糕。她也总是感觉跟妈妈的关系不亲近，总是隔着什么东西。

所以，有太多的时候，我们想避开一些不好的感受，好让自己可以做一个他人眼里的好人。但是，有些感受已经发生了，如果我们要阻挡或者隐藏它们，就需要刻意去淡化自己的感受。久而久之，我们可能会变得淡漠、迟缓，这意味着我们的感受力开始下降，对许多极其快乐、美好、幸福的体验也会失去感受力。如此一来，我们的人生体验就会一直停顿在一个地方，感觉开始无法向前流动，反而更容易反复体会到那些我们想要躲避的糟糕感觉。

感觉本身是不分对错的，这是我们内在自然的反应，我们无法去选择有哪些感觉、不能有哪些感觉，只能接受。无论某种感觉在你看来应不应该存在，既然在你的体验中发生了，就一定有它们存在的理由。我们需要做的是让它们自然浮现，让自己有机会去理解它们，而不是去压抑它们。

03 允许自己的感受自然浮现

在前文中我们曾谈道：想要发展认知力，要先给自己留出空间。

这样的空间就是留给自己的感受的。我们要先允许自己的感受自然浮现，接纳它的存在，才能通过这些感受去理解自己。

然而，遇到问题的时候，大多数人往往会选择一条完全相反的路径。

以本文前面那个焦虑的来访者为例，当她被先生指责时，非常愤怒，但她觉得自己确实有错，愤怒是不应该的，她想改变自己，于是选择压抑自己的愤怒。

看起来她的确成功地阻挡了愤怒，但是这股力量以焦虑的形式冒了出来。这时候，如果我们没有细心去理解，就很难觉察到原来这些焦虑都是愤怒施展的变形计。

让我们换一个相反的方向看。和前面一样，她还是能感觉到对老公的愤怒，还是能感觉到自己不该有愤怒，但如果她可以给自己留一个空间，问问自己：我知道这可能是我的责任，为何我还是这么愤怒呢？

她可能就会感觉到自己在养育孩子过程中的很多艰辛，对老公无法帮助自己一同照顾孩子的埋怨，她就可以更多地理解自己的不容易，觉得即便自己没有做好，老公也不可以既不给自己支持，还对自己指手画脚。很显然，养育孩子不应该是她一个人的责任。

当她对自己有这样的觉察和理解之后，她就不会再如此愤怒了，然后她可能告诉对方：我的确没有做好，但是你用这样的态度对我，让我很难过。这让我感觉到自己就像一个单亲妈妈，什么都得靠自己，哪怕你看着我已经很无助了，你也只是站在一边说风凉话，从来不伸手帮帮我。

当她站在理解自己的位置上说出这些话之后，她的愤怒就可能已经得到疏解了。与此同时，她的先生也可以通过她的表达，有机会理解她为什么会有这样的反应。这样，通过自己的感受去理解自己，不仅不会伤害他们的关系，甚至会帮助他们不断改善关系。

当我们总想从问题的外在去改变时，我们就很可能会压抑自己的感受，然后把自己变成一个对外在问题和内在感受越来越麻木的人。相反，当我们顺着自己的感觉，向内去觉察自己，允许自己的感受浮现，我们就会越来越理解自己，越来越清楚自己想要、将要去往哪里。

方向的不同，决定着两条完全不同的路。一条是向外去获得一个越来越宽广的世界，另一条是向内去堵塞自己的生命力，走向越来越自缚的路。

不管你此刻走到哪里，每个人都可以在意识到之后，选择自己接下来的方向。如果你希望活出自己，就需要选择前者，向外活出人生的辽阔。前提是，你得先向内看，重新触碰你的感觉，去重视它，你才能通过它开启一扇获得无限自我力量的大门。

在这个过程中，你会充分体会到自己的各种感受、情绪和情感，你可能会爱一个人，也可能会恨一些人，你还可能对一些人有着复杂的、矛盾的、变化的情感，不用担心它们会永远停留在一个地方，只需要在它们来临的时候，充分接纳和理解它们的存在，慢慢地，你的内心会变得越来越轻盈通透，你的生命会变得越来越圆满自在。

轻治愈

1. 感受不分对错，它只是在告诉你内心正在经历什么。

2. 当你压抑自己感受的时候，你就不会接收到内心对自己的指引。

3. 无论你感受到什么，都允许它们自然浮现，不用刻意控制它们。

每一份放不下的情感，都值得被认真对待

一位女性朋友失恋了，对方以找到了更合适的交往对象为由，跟她提出分手。

这个消息犹如晴天霹雳，让她感觉很崩溃。还没等缓过神来，她就着急地想知道："我要如何才能更快地走出痛苦，不再想他？"

我说："你会走出来的，只是需要给自己一些时间。"

她说："他都不爱我了，爱上别人了，如果我还想他，我会觉得自己很没有尊严。"

我问她："你觉得自己做到怎样才算好呢？"

她说很羡慕那些冷静果断的女人，只要对方说不爱了，自己马上就可以潇洒地离开，这样还可以保留最后的尊严，可她就是做不到，眼泪总是忍不住地往下流。

我们总是很容易从理性的角度去评估一份感情是否应该存在，认为自己理所当然地应该自由控制进退。实际上，如果你真的在一个人身上投入了深厚的情感，当这一份情感突然崩塌

时，你又怎么做得到快速地全身而退？

每一份无法轻易放下的情感，都跟自己有着深深的连接，你不需要快速抽离，相反你需要温柔地对待这些跟自己内在最珍贵的部分相连接的情感。

01 爱情里，没有对方值不值得，只有对自己重不重要

有的人会说：我凭什么要这么做啊！我对他来说都不重要了，所以他对我也不能那么重要。

亲爱的，真对不起，无论你内心有多么强烈的不平衡，你都无法做出这样的选择。他对你重不重要，不是由你的理智说了算的，在你的感觉里早已有了答案。

你可能会很愤怒，愤怒他为什么要这样糟蹋你的感情，愤怒自己为什么不能把他看轻一点；你还可能会有各种强烈的情绪反应……这都没有关系；相反，你一点都不需要压抑自己的感受，你可以生气，可以抱怨，可以愤怒，还可以恨，充分接纳这些感受的存在，是为了更好地帮助自己走下去。

接受一段感情对自己是重要的，你需要为此花一些时间，不是因为他现在对你还有多么重要，而是因为你对于自己很重要，所以你需要留给自己充分的时间来哀悼一份失去的情感。

在这个过程中，无论谁站在理智的角度告诉你要冷静，你都可以充耳不闻。因为，你会好起来的，只是现在没有什么比

接受一段感情对自己是重要的，你需要为此花一些时间，

不是因为他现在对你还有多么重要，而是因为你对于自己很重要，

所以你需要留给自己充分的时间来哀悼一份失去的情感。

充分接纳关系带给自己的复杂感受更重要。

大多数的人，都会经历一个情感哀悼的过程：从否认、愤怒，到讨价还价，再到消沉，最后接受。一开始，你会不相信，觉得一定是有什么误会，他说的不是真的，你会骗自己说他会回来的——如果你在经历这个阶段，说明你正在经历“否认”，哀悼的过程已经开始。

好的开始，往往看起来是不怎么完美的，甚至感觉不应该存在，对我们却是十分重要的。

接下来，你终究会发现，事实不是你想的那样，你虽然很害怕，但是会越来越接近真相。真正碰触到真相的时刻，你的内心一定会有非常激烈的反应，你会很愤怒，非常不甘心，总是想“凭什么”，你可能想用各种手段去对付他、辱骂他，甚至诅咒他。

再往后，你可能会有一些松动，想象如果他回头，自己会不会原谅他？也可能想跟对方谈一谈，希望还有一些机会。你会陷入一种假象当中，如果事情这样我会怎样，如果他那样做我会怎样——这时候，你就进入了讨价还价的阶段。

再往后，当你无论做什么都没用时，你可能会有一段时间感到万念俱灰，十分消沉，似乎人生都没有希望了。你以为再也找不到更好的人了。虽然这些都不是真的，但是你当时就是会这么想——这就到了消沉的阶段。

最后，你会接受的。接受你已经失去了一段感情，也接受似乎还有一些感觉开始升起，人生也没有自己想象的那么绝望，你又开始有一点点力气去生活了——这意味着你完成了一次情感哀悼的过程，即便像大病初愈的人一样虚弱，但你终究是挺过来了。

这些过程，每个人的经历都会不一样，有的长有的短，有的很激烈有的很平静，无论如何，我们都需要接受自己所呈现的哀悼方式和过程。

02 不避开自己的情感，是善待自己最好的方式

我曾看到一个离婚多次的人写的感悟：“无论遇上过多少渣男，都不要放弃内心对爱情的向往。”

她认为因为遇到了不好的人，就永远放弃爱情，是最不值得的选择。你可能会消沉一阵子，可能一段时间不想涉足新的感情，但当哀悼完成，你或许还会重新往前走。

爱情是一种很自私的东西，它跟对方好坏、是否负责任无关，只跟你内在的某一种需要的感觉有关。如果过去对你而言很重要，那我们好好给过去留一些时间，那就是我们对自己的善待。如果未来对我们很重要，那我们也可以同样为自己留出空间。

我看到有一些女性，被出轨、失恋、离婚后就永远避开了情感，很为她们感到非常惋惜和遗憾。她们之所以这么做，是因为内心并没有完成哀悼，才会用这样的方式来跟自己的情感决裂。看起来很勇敢和坚强，实际上对自己伤害最大，除非有一天她们可以重新面对自己残缺的情感，否则这种攻击自己的

伤害就永无止境。

就像父母养育孩子，当一个孩子因为被过度教育而学会了过度听话，那么孩子的自主性和创造性发展就会一直被遏制，他们很听话，是为了让自己逃离否定和惩罚，而这样的自我限制如果未经察觉，就会成为一道永远的禁令和伤疤，让孩子无法发展出独立的能力。那些失去了一份情感后就永远避开情感的女性，没有经历哀悼，她们的情感就永远停在那个伤痛的地方，失去了修复自己的机会。

越是难以放下的情感，就越需要被小心温柔地安放，因为你值得被自己善待。

03 爱情的意义是由你来决定的

对于我们的人生来说，如果一段感情无法轻易放下，一定是因为触发了我们很深层的感觉。这些感觉或许早已经潜藏在我们的潜意识里，无从察觉，可是当我们经历一段感情时，它们会被重新唤起。每当这个时候，就是一次新的机会，是一个重新去疗愈自己的起点。当你厘清了感情与自己深厚的关联，你跟这一份情感就会更亲近。如此，这种深层次意义，比关系的确认，比婚姻的实体更稳固，那是一种切入你心灵深处、生命底部的支撑，让你再一次通过情感，找到一种跟自己无比和谐的亲近感。

当你经历一段感情时，一开始或许你只有看得见这份实在的情感，才会觉得安心，对方要是离开你，你就觉得感情已经不存在了，这是因为你还没有找到关系对于你的意义。当你找到关系对于你的意义，并且可以通过这种意义去确认自己，那么两人在一起会很好，不在一起你也可以带着这份关系的意义往前走。这就是情感可能带给我们的灵性层面的最高回馈。

所以，如果有一份感情触发你内在的感觉，那么我们一定要温柔去对待，因为这样的机会是无比珍贵的。

如果你给自己足够的空间，放下了，接纳了，甚至升华了，爱就会成为你的能量，滋养你的生命；相反，如果你拒绝它，它就会成为你的阻碍，消耗你的生命。

每一段关系能走到哪里，是否对自己有着深入的意义，我们其实无法提前预设，无法在一开始就决定结果，所以唯有善待自己的感受，靠着自己的感觉去确认和选择。有的关系分离了，即便你很伤心，但是走过哀悼就可能释然了；而有的关系，或许走过去之后，还有更长更重要的路要走。

所以，每一段关系是伤痛还是欢喜，对你有着怎样的意义，取决于你用怎样的方式来对待。如果你对于自己更有耐心，对于发生在自己身上的情感温柔以待，那么你一定会在人生中获得更多的回馈。这种回馈，会超越关系，超越爱情本身，让你感受到生命中独特的丰厚和满足。

轻治愈

1. 不避开自己的情感，是善待自己最好的方式。
2. 爱是一种很主观的东西，它只跟你内心的某种感觉有关。
3. 每一段关系对于你的意义，取决于你如何对待它。

幸福需要断舍离：让该来的来，让该去的去

朋友最近找了一个家居整理师，对自己的私人物品进行了一次彻底的断舍离。我问她有没有学到什么重要的整理技巧，她说其实很多整理的技巧之前在书上都看过，但是有一点让她记忆尤深。

她原本以为整理不过是从理性的角度来评估物品的实用性，然而整理师却让她充分去触摸自己要整理的每一件物品，先沉浸到自己的感觉里，并问自己一个问题：这件东西曾经给我带来过快乐吗?

整理师告诉她说：**“如果你触摸到的物品让你有‘心动’的感觉，那说明这是你喜欢的东西，你应该留下它；相反，如果并不能让你感到快乐，它就是无用的。”**

这个过程让她想起了很多与某件特定物品有关的记忆，她需要重新体会这些感受，才能做出物品去还是留的决定。她感觉这一次的经历颠覆了她对整理的认识，以前觉得整理不过就是扔扔扔罢了，现在才知道重点不在扔，而在扔之前你做了

什么。

所以，断舍离的目的，是让自己以后生活得更好，而如何生活得更好，其实在做出断舍离之前就已经确定。

只有在每一个行动之前足够投入，深入自己的感觉之中，才能让每一次的选择都对自己更有意义。

01 断舍离之前，允许自己的感受充分停留

朋友说："现在才知道，一次小小的断舍离原来蕴含着大功课。"

当我们整理东西时，如果我们留给了自己足够的空间，很多记忆就会一并浮现上来，我们可能会感觉到不同程度的纠结和迷茫。

有些东西，你过去觉得对自己有用，可是很长时间都闲置在那里，等你再面对的时候，不得不重新审视，这些东西真的没有你想象中那般重要。

有些东西，现在用不上，但是你总觉得未来会有用，你想留下来，可是又不知该如何安放，你会想这样的选择真的对吗。

还有些东西，平时并不在意，总觉得很无所谓，可是等到你想要扔掉的那一刻，才发现自己居然做不到。

所以，常常要到我们想做一些选择时，这些复杂的感受才

会强烈地浮现上来，帮助我们重新靠近自己的内心。

物件上的断舍离已经不容易了，心理上的断舍离就更考验人。很多时候，面对自己的某些情绪和情感，很多人都十分茫然，感到无从下手。

和物品的整理一样，当你想要做出一个心理上的决定时，没有什么比充分体会自己的感受更重要。只有你充分体会过了，你才能跟随并找到自己内心的指引，替未来选择一种更适合你的生活方式。

比如，一位女性离婚了，她想要看开这一切，不要再痛苦，不要再怀念，实际上只有当她充分体会自己全部的感受，她才能通过完整的哀悼去推动自己进入新的生活。否则，如果她回避痛苦、回避自己的内在感受，她就只能一直远离自己的内心了。

再如，一个妈妈刚刚失去了自己未出世就夭折的孩子，她可能想要忘掉这一切，不再想任何跟孩子相关的事情。她只能允许自己充分感受内心的悲伤和心痛，才能跟孩子好好告别，重新回归自己的生活。否则，这也将成为她一个永远不能碰触的伤疤。

断舍离，是我们对自己人生肩负起责任的行为，在此之前我们应该充分允许自己的感受停留，别让那些重要却回不去的感受成为我们前行路上最大的羁绊。

02 感受的波峰和波谷，构成我们生命的自然进程

涨潮和退潮构成了潮汐，同样，生活中我们感受的波峰和波谷，构成了生命的自然发展进程。

当我们回顾自己经历的时候，常常会发现小时候的某些经历，当时觉得是天大的事，觉得是永远过不去的事，今天再想起来时，感觉早已经淡忘，不再把它当一回事了。

正如我们儿时的担心一样，很多人不允许自己充分感受，是因为他们怕自己永远都会陷在一个情绪低谷。实际上，这样的担心是多余的，当我们充分体验过某种感觉，这些感觉就会后退，给我们的人生留出新的空间。相反，当我们无法去体会一种感觉时，才会被卡在这个地方，进退两难。

我的发型师告诉我，如果他帮一个客人染发，结果对方不满意发色，想重新染回来。他会跟对方承诺说："等一个星期，如果你还是不满意，那我可以免费帮你染回来。"

因为技术的娴熟以及多年专业的自信，这么多年，他遇到的客人里没有一个人会在一星期后真的去找他染回来。

我问他原因，他说："我完全能理解一个人刚换新发型的感觉，可能会感觉特别别扭。但是，这是我和对方共同慎重选择后的决定，我希望他们至少真正去拥有一个发型一个星期，去充分地感受它，体会跟它在一起的感觉，然后再做决定。"

我觉得这是一个非常棒的想法。很多人拥有一些东西，或者拥有一段情感，却可能从来没有认真去体会过。如此，就不

算真正拥有过，他的生命显然也不会因为这些不曾真正拥有的东西而变得不同。问题是，很多人往往觉得自己已经拥有了。

比如，有一位女性，一直很担心她先生会抛弃她另寻新欢，即便在他们关系最好的时候。她每一天都活在紧张、恐惧当中，显然她就不曾真正拥有过这段情感。她的内心被不安全感占据，戒备森严，被卡在了那个本可以去充分感受关系亲密和美好的位置，在她内心里一直深深渴望着更多的爱，却只得小心翼翼、如履薄冰地小心试探。

所以，无论你想要更亲密，还是想挽回或者离开一段感情，我想你得先花一些时间充分感受这段感情，接纳关系带给你的任何真实的感觉，随着这些感觉流动，你才可能有机会离开眼前不想要的位置。只有真实地体会过拥有，你才做得到放弃；只有让已经拥有的被充分感受，你才能跟对方更亲密。

无论你的生活中遇上什么，充分地去靠近你的感受，你的人生才能更好地往前走。

有些想离婚的人，虽然最后决定不离了，但因为充分感受过爱，让他们开始重新定义这一段感情。

有些曾经纠结是否要离婚的人，哪怕最后还是离了，但因为真正感受过爱，他们就能发自内心地放下了。

有些想挽回情感的人，虽然到最后也没有得到明确的结果，但是他们非常清楚自己为什么要这么做，不再总是觉得自己很委屈。

有些想挽回情感的人，虽然最后还是分开了，但因为他们重新接受自己和关系的局限，又看到了新的希望。

当你总想避开一种感受的时候，可能你还没有充分体会它。断舍离，是一个很好的契机，让我们的感受浓度和丰富性得到提升，正是这些变化，构成了生命特殊且必要的过程。

当你充分感受过了，你才能完成了内在整理自己的过程，更好地活在现在和未来里，而不只是活在某个回避过去的时刻。

03 心理上的断舍离，是一个自我成全的过程

如果要用一句话来定义心理上的断舍离，我想这句话十分恰当：

让该来的来，让该走的走，让你的感受有机会重新替自己选择幸福。

这好比是一个花开花谢、瓜熟蒂落的过程，不需要我们刻意去做什么。有一些花开着开着就结了瓜，也有一些花开着开着就谢了，永远也长不出瓜。我们作为一根瓜藤存在着，唯有在不同的时间里，充分接受这一切的可能，有时会感觉幸运和美好，有时也会感觉失望和伤悲，最终才能让自己的生命伸展成一个自然生长的姿态。

我们在被养育的过程中，常常被过早地教育成应该怎样、如何才对，这能帮助我们完成适应社会规则的过程，却缺失了对自己的温柔。所以，我们可能很早就学会了让自己去遵从很多看似有效的道理，总是驱赶着自己活出一个标准的人样，却

迟迟学不会把自己的感觉放在更重要的位置。如果某一天，你恰好遇上，或者已经遇上了一些痛苦的碰壁，让你不得不对自己的生活重新做一些交代时，这些曾经被压抑的感受，都可能重新被激活。于是，你想要断舍离，开始更近距离地跟自己的感受站在一起。

在这个过程中，我们最需要做的就是自我成全，我们需要对自己多一些宽容，允许自己的感受充分停留，允许自己的情绪浮现，允许自己后退，也允许自己往前走。

我这位找人来帮忙断舍离的朋友说："你看，钱没少花，效率却不太高，两个小时只整理了一个衣柜，还没有完全搞完。"

我说："可是你看起来很得意啊！"

好的整理、好的成长，不需要多快。你也不必担心是否太慢，跟随着自己的感觉慢慢来，才是一条最踏实、最靠谱的路！

对于总是匆忙赶路的人们来说，这种踏实的感觉真是太需要了。

轻治愈

1. 某些复杂的感受，只有当我们要做一些选择的时候才会浮现，帮助我们重新靠近自己的内心。

2. 很多人以为自己拥有了什么，事实上从未拥有过，因为他们没有充分感受过。

3. 唯有当一个人可以充分去感受，才能做出最贴近内心的选择。

/ 第五章 /

觉察力：仪式感是眼前的“诗与远方”

热气腾腾的人生，
需要少一点无所谓

每次听到有人说自己对什么都无所谓，我就想起我刚生完大宝的那两三年。

那种“对什么都无所谓”的感觉虽然不像抑郁症一样低落消沉，但整个人对大多数事物都很“无感”，无论发生什么，都不会很快乐，也不会特别难受，拥有一些事物不会感觉喜欢，不拥有也不会觉得遗憾。

总的来说，在那种无所谓里，你会感觉到自己精神状态很松散，好像很多发生在自己身上的事情都影响不到自己：吃不吃饭，吃得好不好，无所谓；穿的是否得体、是否舒服，无所谓；对于自己是什么样子、想要变成什么样子，无所谓；对自己的状态满不满意，也无所谓……

现在回想起来，这两三年，除了暗淡的基调，什么也没有留下。

后来，有一次，我的一位男上司看到我穿了一件松松垮垮、褪色严重的衣服，估计是实在看不下去了，就问我："你穿的是以前怀孕时穿的衣服吗？"

这句问话当时让我一愣，真是一语惊醒梦中人，回家后，看着镜子里的自己，我无比挫败地问自己：你在干什么？怎么把自己搞成这个样子？我仿佛是第一天睁开眼睛看自己一样，发现自己已经不管不顾地活了好长一段时间，好久不曾觉察自己的状态。

所以，无论是对于现实生活，还是内心世界，当我们总是用无所谓来搪塞自己时，那不是值得骄傲的云淡风轻，而是你可能失去了对自己处境的感受和觉察。

01 热气腾腾的人生，需要少一点无所谓

之前看到过一篇文章《如果连小病小痛都没有时，你的身体就像战场上的炮灰》，作者用中风的病人举例，说捏中风病人的肌肉对方都不知道痛，如果某一天能感觉到痛了，那就是一种向好的迹象。

他谈到小病小痛是身体还有感觉，能够对疾病做出反应。相反，如果什么反应都没有了，那就是已经进入了麻木的状态，等出现严重的问题才后悔为时已晚。

这让我想到，我经常做婚姻咨询，有很多妻子或丈夫说："我们很多年一直相安无事，连小争吵都没有过，怎么问题刚

出现，就到了非得离婚的地步？”

可想而知，如果两个人生活许多年都没有过争吵，要么是双方或其中一方有极其高的境界，十分能容忍和放得下；要么就是貌合神离，才做得到在可能的争吵前面忽略自己的感受。这两者，都很容易把人逼到容忍的极限里，最终彻底爆发。

对生活和情感的无所谓，确实可以换来一时的风平浪静，却危机四伏。好比一个人蒙着眼睛上路，没有任何的预知和判断，没有自己的选择，任由自己往前走，你怎么知道前面没有障碍或是悬崖？

有人说，没有过去和未来的人生，最绝望。其实最绝望的人生不是没有过去和未来，而是你闭着眼睛活在一种没有感觉的生活里，却不自知。

如果我们活着，却不去感受生活；如果我们爱着，却不能感知情感；如果我们明明有了丰富的情绪体会，却从不觉察自己，那明明可以饱满的人生就沦为了一种干瘪地过日子，我们就跟四脚动物没什么区别。

生而为人，我们和动物最大的不同就在于，我们不仅活着，还能感受和觉察自己的状态；我们有着自己的内驱力、自主性和选择，能够整合出自己活着的意义。这样的生活，需要少一些无所谓，把自己的感受纳入觉察范围，细细辨别和筛选，我们才能重新跟自己的内心建立连接，将人生活出热气腾腾的样子。

02 当你心有远方，生活就多了无限感受的空间

无所谓，是对生活或人生的麻木感。这种感觉，让人像行尸走肉一般，此刻活着，不在乎下一刻会怎样，生活充满松散和无力感。

比方说，你在路上开车，但是你从来没有想过要到哪里去，更没有一个清晰的目的地，你就不会轻易加大油门，因为这会显得很没有意义。人生也是一样，如果在你心里没有一个充满期待的远方，你就不会对现在做的事情投入激情，你的感受就会像没有气的气球一样干瘪，很难获得充盈的状态。正是因为心中有远方，平淡的现实生活才多了色彩，指引我们向前看、向前走，我们的人生也因此变得不同。

电影《无问西东》里有一句话："如果我们提前知道了自己的人生，你是否还有勇气前来？"

我们都无法预测自己的人生，但是在对未来的憧憬里，我们好像已经知道一样了，这就是我们心里的远方。我们向着这个远方走去，人生就为此铺展开来。不论这个远方跟我们最终到达的地方是否一样，它对我们的意义都无比重要。因为它给了我们一种初始的动力去迈开步子。

我有一位来访者，从小就被父母教育做什么事都要以实用为出发点，长大后她活成了一个十分理性的人。但是，时间长了，她就感觉到内心的缺失：她不知道自己想要什么。明明对生活有很多的不满，她很想摆脱这种状态，但是摆脱之后又能

做什么呢？她很迷茫。

她十分有才华，在很多方面都有着过人的天赋，但她从来不敢奢望自己能在某一方面有更高的造诣。每当她脑子里有一个声音出来：或许，你可以做××时！都会有另外一个声音跳出来反驳她：你这么想可行吗？能实现吗？实用吗？很快，经过细致思考之后，她往往就会从实用的角度出发，放弃自己的想法。

在生活中，她经常感到很压抑，很想冲出牢笼般的生活，又找不到出口在哪里。我向她建议：“我们可以一起来做做梦，如果什么都不用考虑，你想要的未来会是什么样子的呢？”

我们虽然生活在现实中，但是我们的眼睛可以望向看不见的未来，正如我们活在陆地上，但是我们的眼睛可以望向太空一样，那种广阔的感觉，能让我们活得更自由、更有力。

心中有远景，是我们的本能。小时候，我们受委屈了，总会想，长大后就好了；青春期，我们感受到成长的自我受到限制，我们会想，成年就好了；成年了，面对人生的各种困惑，我们会想，等自己阅历丰富就好了……直到死亡，面对生命的结束，我们还可以幻想另一个世界正在迎接自己……这样的本能，让我们无论遇到什么困难，都有空间留给自己。在这个空间里存在的，是我们的感受，还有觉察到的意义感。

如果说，现实是人生的骨架，那这些远景就是血肉，让我们整个人生变得饱满起来。

03 绝望不是为了让你无路可走，而是让你在现实中重生

很多人说：我不想有远方，是因为我无法忍受受挫之后的绝望，没有希望就不会有绝望。

在第六届精神分析大会上，精神分析家 Peter Loewenberg（彼得·洛温伯格）说道：

“我们都是被直接抛入现实当中的，因为你不能选择何时、何地，以何种方式进入这个世界，更不能选择父母、家庭、民族、国籍和DNA。即便如此，我们每个人都必须负责和发展出面对这种状态的内在潜力，重塑自己的历史，知道我们在这个世界上是孤独、无力却又分离的，对自己的命运负责，去塑造它，并重新看待它。”

这段很棒的话，道出了我们很多人的生命都会经历的起伏变化。哪有谁的人生尽如人意，如果你走的路够长，你总会与受挫、失望和绝望相逢，在那一刻，很多人都以为自己的人生要完蛋了。然而，山重水复疑无路，柳暗花明又一村。走过绝望，生活往往又多了生机，不像我们最初沮丧时以为的一样糟糕。

这会让我们思考，既然人生总是难以避免受挫和绝望，哪怕你把所有的精力都花在逃避上面，甚至斩断所有对未来的幻想，也是徒劳的，最后收获的只是不能按照自己的想法过日子。

相反，如果你希望人生能够实现一些期待，那么你就得接

受这些可能存在的风险和不如意，你可能会得到一些什么，也可能会失去一些什么。总的来说，你的人生得到了更多，因为你活出了无愧于心的样子。

我想正是这样的曲折，构成了每个人生命独有的色彩。我相信所有的绝望都并非为了让你无路可走，而是会让你撞见更多的现实，促使你向内挖掘自己更多的潜能，在一片局限的空间里，构建出一个自己满意的世界！

但愿每一个人都可以从按部就班的日子中醒来，永远向往美好，充分感受生活，允许自己热泪盈眶，多一点跟自己的内心连接，少一点无所谓，把人生活出热气腾腾的样子！

轻治愈

1. 当你总是用无所谓来搪塞自己时，就已经失去了对自己感受的觉察。

2. 你心里的远方比你最终到达的远方更重要，它决定着你前行的方向和姿态。

3. 绝望不是让你无路可走，而是要让你在现实中重生。

当你想要成长时，眼睛要同时看到过去、现在和未来

有人问我：如果我想要自我成长，选择心理咨询最大的作用是什么？

我觉得选择心理咨询的好处在于，你会多一双眼睛看自己。

同样是看自己，为什么自己看自己不可以呢？

俗语说：看别人容易，看自己难。一般情况下，我们很少会去看自己。有问题发生时，我们会很容易局限在已发生的事件上；当你真的想往前走时，又常常只看得到现在或未来。

也就是说，很多人缺乏留给自己感受的空间，更缺乏有意识地去觉察自己的过程。然而，我们的成长，最不能缺少的就是把无意识转化成意识的过程，这离不开大量对自己持续的觉察。

如何充分辨别和体会感受，并把这些感受转化成对自己的觉察，就是心理咨询中大量重复的事情。

那么对于一个想要成长的人，并没有接受过心理咨询的

人，要如何理解觉察和成长的关联呢？

01 成长的步子：一只脚还在过去，另一只脚要踏向未来

我们的人生每一天都在向前走，这意味着当下的每一天很快都会成为过去。我们的成长，就像在一条奔腾的河流中迈步，当你迈开步子的时候，先踏出的那只脚一定是迈向未来，而后面的这只脚已经成为过去，你此刻的身体还停留在两脚的中间，从前面流来的水，还在不断流向身后。很多人忽略了这个规律，总给自己设定远大的目标，然后严格要求自己，要求自己立刻脱胎换骨，远离过去。这比登天还难。

只要我们想靠自己走路，就不可能两只脚同时在第一时间到达未来，只能一只脚先迈出一步，而另一只脚保持不动，给前一只脚和我们的身体提供稳定的支撑。

所以，成长虽然是要往前走，却时刻需要从过去寻找力量。

我有一位来访者，过去总是各种责备自己，每次信誓旦旦地立下目标，总是刚迈出第一步，现实就把她打趴下了。她说：“罗老师，我都想放弃自己了，觉得自己做什么都没有毅力，活该这样受苦！”

后来，我们一起探究了她成长的路径，她才知道自己不是没有毅力，而是对自己的要求不符合成长的规律。她开始换

了一种眼光，不再总是期待一下子改变所有，而是先改变一点，允许有更多不变的点去支撑改变。这样，她终于迈出了第一步。

虽然不像她想象的那样，一觉醒来自己就已经是另一个样子，但她已经离开了过去的自我挫败模式，开始一点点重建自己成功的经验，支持自己一步一步走得更踏实。

当一个人想要成长时，这种“想要”是一个远方的位置，而真正开始成长时，是需要用一个步子接一个的步子迈出来的。所以，当你总是觉得自己成长得太慢，甚至很多问题都无法一下子改变时，不要太苛责自己，你并没有错，这其实是符合成长的自然规律的。

02　每个人都深受过去影响，同时活在未来的现在时刻里

如果说成长的每一步都有前脚和后脚，那么连续的成长就是一个个的步子相连，我们身处的位置总是在中间，却又是不断变化的。

我曾经在散步时，看到一只虫子在枝丫上爬行。当它要离开平坦的位置，想到达一个新的位置时，它会先抬起头部，尽可能地去触及一个目标，身体的后面部分会牢牢抓住原来的树枝以保持稳定。当头触到了新的位置，等贴实之后，它会将身体的中间部分拱起来，换作身体最前面的部分牢牢抓住，拉动

后面的身体往前移动。如果它的头试了几次，都无法触及新目标，那么它会换一个目标，等头部能触及新目标之后，再重复前面的步骤。

我出神地看着这只虫子爬行，被它吸引，觉得很有意思。

过了一段时间，我才恍然大悟，那只虫子移动的过程不是跟我们的成长非常相似吗？只是我们太习惯了理所当然，失去了对自己是如何成长的感知。当我们想通过成长迈出第一步时，忘了去确认后面的脚是否已经抓实；当我们抬起一只脚时，忘了也要靠着后面的脚去寻找支撑的力量；当我们真正找到一些力量行动时，往往也不会确认前面的脚是否踏实了……这些细微的过程没有落实，导致很多人一直说自己要成长，却一直迈着慌乱的步子，没有机会获得完整走完一步的经验。

每个人都在潜意识中受过去的影响，活在未来的现在时刻里。也就是说，你此刻的状态是连接过去和未来的。

你存在于这条流动的脉络里，尽管过去和未来都在不断发生新的变化，也要靠过去获得稳定，靠未来获得锚定，才可以一步步向前走去。

俗话说，人不可能两次踏入同一条河流，即便有时候你感觉自己停滞了、挫败了、无力了，但你的此刻是如此的不同，因为它们连接的是不同的过去和未来。

所以，成长不是要求你一步迈多远，而是你多大程度能够把自己这种无意识前进的过程，转换成有意识觉察的过程，这样，你就能帮助自己走得更远。

03 当你想要成长时，眼睛要同时看到过去、现在和未来

如同我们前面打好的基础，如果你对很多经历保持好奇，心里有了问号，允许自己的感受充分浮现，那么面对过去、现在和未来，你或许能体会到自己的更多感受，也具备了更多的认知力和感受力。当这些感受浮现上来，就是我们需要认真对待它们的时候了！

当你开始用双眼看向自己，理解自己在做什么、做得怎样时，就像那只虫子能够看到自己是怎么爬行的一样，对自己走的每一步都保持清醒的复盘，以确定下一步要去往哪里，是否需要做出调整，这个过程就叫“觉察”。

这个过程说起来很简单，做起来却十分不易。你可能在感觉最不好的时候，才会去好奇和觉察，然后等自己不那么难受了，就不会再关注自己，不会再去细微体会了。

也可能当你能体会到自己的感受时，就一直沉溺于自己的感受里面。比如当你想：我恨死某人了，接下来你可能会将分析放在这种感受的延续上面，比如我恨他我要做点什么，是不是要跟他去吵一架，或以什么方式去还击。

前一种问题的觉察是断续的，不能获得完整的对自己过去、现在和未来的省思。后一种是用付诸行动的方式，堵住觉察自己的机会。

这两者都无法把自己无意识前行的过程转化成连续有意识的觉察。如果觉得自己在成长的过程中总是抛锚，最好的方式

是寻找一位专业的咨询师帮助你学会建立连续的觉察。

同时，你可以开始做自我记录和梳理。试试按照以下步骤进行：

▷ 准备一个你很喜欢的日记本，有一定的厚度，易携带，方便记录。

▷ 固定频次去做记录和整理，比如每日、每周、每月记录的方式等。一般我会建议以周为单位，既有一定的空间，也不会间隔太远，并且不会占用你太多的时间，如此可以减少不确定性发生。

▷ 把纸横着放在自己面前，中间画一条线，再截成三等分，右边写上“未来”，左边写上“过去”，中间写上“现在”。

▷ 找出你感觉最影响自己情绪的事情，把它放在你觉得恰当的位置，可以是未来，可以是过去，可以是现在。然后把你在现在这个位置上浮现出来的感受写在横线的上方，接着写其他两个位置的感受。

▷ 最后，把你对于自己感受的理解以及理解的过程写在横线的下方。

举例来说：我跟老公昨天吵了架，心情很糟糕。于是我会在过去写上“和老公吵架”，我会去体会自己现在的感受，然后在“现在”的位置写上“我很愤怒，觉得他一点也不在乎我”，接下来我会问自己：你想怎么样呢？我可能会在“未来”的位置上写上“我不想跟他过下去了”。

以上写完之后，我会首先去看自己写下来的内容，开始梳理过程：我和老公吵架了，具体因为什么事，我如今还是很愤怒，我觉得他不在乎我，想要跟他离婚。

接着，我会再来看自己想法浮现的过程，当我吵完架，我十分受挫，感觉不被老公理解，所以很难受。这是因为我觉得他理所应当应该理解我，所以当他不理解我时，我就觉得他不在乎我了。想到以后他都不在乎我，才想到离婚。

当我这样看自己的情绪时，我觉得我既能理解自己的愤怒，也能理解自己想要离婚的冲动，因为被自己理解了，所以愤怒也会减轻，我会在现在的位置写上“我不再对跟他吵架这件事感到愤怒”。

最后，我就会获得一个经验：愤怒不可怕，也不会伤害我，但是我很需要去理解它。

如此，通过对这次愤怒的整理，我就很好地连接起了过去、现在和未来，搞清楚了这一步是怎么回事，我就不会一直停留在愤怒里，更不会因为愤怒就真的去离婚。

所以，当你想要成长时，眼睛要能够同时看到过去、现在和未来。如果你缺乏这样连续的觉察，可以通过上面的练习来提升自己。

轻治愈

1. 成长不是要求你一步迈多远，而是看你多大程度能够把自己这种无意识前进的过程，转换成有意识觉察的过程。

2. 我们成长的每一步，都需要靠过去获得稳定，靠未来获得锚定，而觉察就是去看清我们的每一步是怎么走出来的。

没有一件事，比你给自己的确认更重要

小李最近遇上一个问题，领导安排她去协助同事完成一项工作，她心里很不乐意。可她问了身边一圈人的建议之后，还是去了。

结果很糟糕，这件事情本来不是她擅长的，她完成得也不理想，甚至差点造成严重的失误，受到了领导严厉的批评。

她感到内心像翻江倒海一样难受，脑子乱得像一团糨糊。她再次求助当时她求助过的那些人，大家的反应都很不一样：

A说："早告诉你不是你分内的事，你应该拒绝，现在后悔了吧！"

B说："你怎么有这么变态的领导，真是不可理喻！是我的话，我肯定辞职了！"

C说："如果你没有做好，领导批评你也很正常啊！这很正常，下一次做好不就好了吗？"

……

她觉得大家讲的都有道理，她心里时而附和A的想法，时

而附和B的想法，到后来各种声音在她脑子里打架，她不知道该怎么办才好。

小李的问题，估计不少人都深有体会。

无论遇到什么问题，总有一些人很容易感受到情绪失控，急着向他人求助。可求助之后，新的问题又出现了，面对他人给出的不同建议，他们会再次陷入不知所措的状态。

他们的情绪问题常常源于两个方面：1. 自己经历的事情所带给自己的情绪变化，无法靠自己来识别处理；2. 无法独自面对，依赖他人建议，造成的内心选择冲突。

这两个方面其实有着相互影响的作用：**一个人越无法觉察自己，遇到事情就会越依赖他人；依赖他人，必然就会带来内心冲突的加剧。**

这相当于，一个没有觉察力的人，遇到任何问题时，既要承受事情本身带来的情绪变化，还要承受他人建议带来的情绪变化。在这样的双重压力之下，如果我们缺乏支持，常常感觉被现实驱赶着向前，就难以发展出自我觉察的能力。

遇到事情时，指望他人第一时间帮自己分析、给建议和解决问题，我们就相当于把自己置身于这样的压力之下，无法获得稳定的自我。

那么，我们要如何才能获得稳定的自我呢？

01 自我觉察力，是我们的内在稳定系统

缺乏自我觉察力的人，就像一台缺乏运算储存功能的电脑，遇上任何事情时，只能依赖他人帮助分析，同时又会深受他人的评价影响。

自我觉察能力，是我们的内在稳定系统。如果你有着很强的觉察力，即便你遇到很大的困难，也不会失去自我的稳定；如果你的自我觉察力很薄弱，生活中极其细微的事情也能让你陷入情绪的反复无常。

像前面小李遇到的问题，当领导安排她去做一件分外之事时，她的内心开始有了冲突，是去还是不去呢？她拿不定主意。为了避开内心的冲突，她想用一个大家更认同的建议来做决定，于是她选择了向他人求助。

多数人会从理性的角度来给她建议：听从领导工作的安排，是应该的！

听过之后，她的内心还是不踏实，还会寻找其他人的建议，比如，不是你分内的事，你也可以不干！

最终她会听从一个更强烈的声音：这是一件小事，如果你不做，就显得太小气了！

终于，她压下了所有其他的感觉，硬着头皮去做了。但是，在做的过程中，她又感觉到自己很不情愿，甚至有时候心不在焉，她需要压抑那部分往上涌的真实感受，才能坚持下去。

这个很痛苦的过程，直接导致了后来的工作失误。领导认为她没有用心工作，她不仅没有因为额外的工作受到表扬，反而再一次被否定了。于是，她不得不继续向旁人求助。

然而，听完所有人的建议，她并没有感觉好一些，反而更加迷惑了：是自己一开始就选择错了，还是没有控制好自己的情绪？反正好像都是自己的问题。

到最后，如果她希望自己获得平静，她就不得不启动自我的觉察。

自我觉察，就像一个国王的职能，遇到问题，可能会有很多人给你提供建议，但选择哪一个，不选择哪一个，你必须根据自己的筛选来做辨别。

实际上，越要处理多面信息，就越需要更强的自我觉察能力，否则就会陷入各种冲突之中，感觉更慌乱。而现实生活中，恰恰是那些缺乏自我觉察能力的人，因为对自己失去了感知，才会把太多无关紧要的建议全部纳入考虑的范围。这就好比，一个已经消化不良、积食严重的人，还要吃比正常人更多的东西，不仅加重病情，还会进一步破坏自己的消化功能。暂时能吃，看起来是好事，但是如果内在功能无法得到发展，我们就不可能长久保持好的状态。

所以，对于每一个人成人来说，自我觉察力是非常重要的能力，这决定着你是否可以独立面对生活给予你的挑战，支持自己、调整自己和活出自己！

02 为什么有的人会缺乏自我觉察力

当我们小的时候，遇到很多事情往往是慌乱的，但是如果我们向父母求助，他们帮我们处理问题的态度就显得尤为关键。

有些父母会一边接住孩子的情绪安慰他，一边帮孩子厘清事情的来龙去脉、他的内心有怎样的感受，以及要如何应对。如果能做到这样，就是高功能的父母，他们自己有着很好的觉察能力和稳定的自我。慢慢地，孩子也能学会父母的方式，在遇到问题时，既懂得安抚自己，也能够很好地觉察自己。

通过养育者帮自己确认，来学会自己给自己确认，这是一个人原始自我觉察能力的形成过程。

然而，在我们成长的过程中，不一定会有这样的幸运，绝大多数人都没有这样的父母。当我们遇到问题时，父母要么自己先慌了，要么只能用责怪孩子来避开内心复杂的情绪。当父母的行为已经很大程度被情绪所左右，他们缺乏觉察能力去维持自我的稳定，就很难帮助孩子获得稳定，更无法帮助孩子培养出自己的觉察能力。

所以，在咨询工作中，我经常会遇到很多成年人，一遇到事情就十分慌乱，明知道自己有很多情绪，但就是表达不清楚，常常突然爆发很大的情绪。

问及他们的过去，往往会发现当他们还是小孩的时候，无论遇到什么问题，父母都很容易情绪化，经常很粗暴地对待他们。如此，即便他们已经长大成人，可无论面对别人还是自己的情绪，他们都会感觉无比惶恐，觉察能力也还停留在最初受到创伤的年龄。

当养育者缺乏足够的自我觉察能力时，就无法给到孩子确认，导致孩子无法去理解自己的情绪，更无法透过自己的情绪来理解自己，做出忠于自己内心的选择。

03 能够给自己多少确认，成长就能走多远

缺乏自我觉察能力，往往是养育者造成的问题，尽管如此，我们也无法指望父母再成长起来，重新用好的方式来对待我们。我们只能指望通过自我成长，自己发展出这种缺失的能力。这就需要不断给自己确认。

给自己的确认，主要分为两个阶段：

第一个阶段是外部确认。就是你需要通过他人的帮助，让你从情绪中稳定下来，再开始有意识地觉察自己。

第二阶段是内部确认。由于有了足够多的外部确认，当你有情绪时，你不再需要求助，可以靠自己去厘清自己的情绪，开启自我觉察。

这两个阶段是递进的关系，先有第一个阶段做支撑，再有第二个阶段的起步。

就像文章开头提到小李的例子，因为无法处理自己的情

绪，所以遇到任何问题，小李都不得不向其他人寻求帮助。

很多人会想：让她学会靠自己，能力是不是慢慢就逼出来了呢？

不会的，自我觉察能力是需要在相对稳定的状态发展出来的，如果一个人已经被情绪所左右，并且自己不具备识别和处理情绪的能力，她就很容易变得冲动、烦躁、易怒、行动化，无法启动自我的觉察。

这时候，首先需要一个能够深入理解她的人，陪伴她去理解自己的情绪。穿透这些情绪之后，她才能去回顾整个过程，看到自己在哪里，做了什么，带来了怎样的结果，自己可以从这样的经验里看到什么新的东西，学到怎样的经验，以及要做怎样的调整。

也就是说，即便一个人已经成年，他去重建自我觉察能力的过程，其实跟一个孩子是一样的。面对一条感觉到挫败、无力、从未走过的路，他需要有个具备这种能力的人稳定地在那里提供支撑，带着他往前走。

这跟父母对孩子的养育有类似之处。很多人选择心理咨询，就是因为身边缺乏这样稳固的支撑和帮助，希望从咨询中获得确认，以帮助自己进一步学会自我确认。

所以，对于没有觉察能力、总是陷入情绪慌乱状态的人来说，与其慌乱地去找许多人要建议，不如找一位适合自己的咨询师，充分地陪伴自己发展出这样的能力。

像我们在前一篇文章里谈到的成长的步子一样，你每对自己确认一点，你就能多往前走一点。经过不断的挑战，你的自我觉察能力就会越来越强，你就越能帮助自己做清晰的自我确认，这就是一个积极的循环。

成长当中的我们，就像不断长出幼苗的自己，缺乏了保护和支撑，会很容易在生活的狂风暴雨夹击之下，轻易妥协和放弃。而如果不断给自己支撑，我们就可以长出以前没有的能力，还能帮助自己走得越来越远。

轻治愈

1. 一个人获得真正稳定的方式，是靠自我觉察力带来的自我确认。

2. 自我确认需要经历两个阶段：经由他人帮助获得的外在确认；逐步发展出来的内在确认。

如何提升
自己的觉察力

记得一开始学心理学时，第一节课老师就问了我们一个极其高大上的问题：你是谁？

我瞬间蒙住了，感觉这是一个好奇怪的问题。好多同学都说，活了那么久，还是第一次认真想这个问题。

后来，又知道了另外两个高大上的问题：你从哪里来？要到哪里去？

再后来，我开始从事心理咨询工作，知道了所有的心理咨询不过都是为了解答这三个问题。因为不知道自己是谁，不知道自己从哪里来，要到哪里去，人才会感觉到迷茫，很多人因此陷入困境。一旦我们重新确认了自己是谁，知道了自己从哪里来，要到哪里去，我们就能从过去、现在和未来的脉络中，获知自己所处的位置，然后重新向前走。

这个过程，主要靠的就是把无意识不断纳入意识的过程中所形成的自我觉察能力。

那么，对于正在迷茫中的人来说，如何才能提升觉察力呢？

01 第一步：回顾自己的经历

学习家庭治疗的时候，我的老师李维榕每做完一个案例，都会要求我们一起来回顾，看看自己记得什么，有哪些部分自己觉得很关键。

对于新手来说，看过、听过就已经忘得差不多，然而李老师对整个过程都记得非常清楚。并且，她不仅能记住一个案例，几天内、几年内，甚至十几年前做的案例，她都了如指掌。这让我暗自叹服。这种回顾的方法，是她训练新手咨询师的必经之路，据说她过去也是这么被训练出来的。

后来又听她一位非常厉害的学生谈起“苦练内功”的经历：有大半年的时间，这位学生每天除了一日三餐，都是在看咨询录影的光盘，然后不断回顾整个过程。

正是因为这样简单的训练，让她的能力突飞猛进，目前想约她的一个专家号都需要排到半年之后了。

看起来回顾里有着大学问，不仅可以加深我们对经历的印象，为感觉的浮现做准备，还可能帮助我们发现一些遗漏的部分，让经历在自己的意识层面变得更加完整、立体。

很多人一谈到觉察，首先想到的就是如何分析问题，如何让自己找到一个正确的标准和轨道，这太着急了。

回顾经历，是觉察非常重要的第一步，你既可以回顾某一段大的经历，也可以回顾一件事情的经历。

拿已经发生的一件事情举例，我们回顾的内容可以包括：

事情发生前有什么征兆？事情是因为什么发生的？当时情景是怎样的，有怎样的转折，最终结果是怎样的？

就像在脑子里放电影一样，越详细越好，你也可以讲给自己听，或者讲给你的咨询师听，清晰到能让对方听明白为止。

当你能够去回顾一件事情时，你就开始冷静下来；当你能够完整地回顾一件事情时，你的情绪大多已经缓和了。

尽管回顾十分重要，但是有许多人要么忽略这个部分，要么跳过这个部分。所以，我们进行心理咨询时会设定固定的频率，就是为了让我们有足够多的机会通过回顾、诉说经历来建立觉察，避免自己一直陷入某一种状态里。

02 第二步：靠近和理解经历中的自己

在这一步里，你可以问自己以下问题：

▷ 我是怎样卷入这件事情当中的？

▷ 当时，我的期待和想法是怎样的，我有怎样的情绪变化？

▷ 我有怎样的情感没有被充分表达，我还有哪些部分感觉没有被理解？

在第一步回顾的过程中，我们是充分站在事情发生的角度，像一个摄像头一样去回顾整个经历。在这一步中，我们会聚焦在自己身上，站在自己的位置上，看到经历当中的自己是怎么回事。

你只需要带上好奇的眼光，不带任何评判地去理解自己的动机、想法、感受、情绪和情感，以及看到在这个过程中，自己是否因为什么发生了一些变化。

当我们把自己放在经历中去看待时，就意味着我们感觉到自己是可以被理解的，同时也可以感觉到对自己的支持，情绪基本上就已经被我们自己消化了。

很多遇到问题陷入情绪慌乱中的人，看起来最需要的是他人给自己一个确认，实际上面对一团乱麻的情绪，他们最需要的是有一个人能够帮助他们厘清自己的情绪。

只有当他们清楚地理解自己，才能清楚地表达自己的需要；否则，带着自己的情绪谜团，很难表达清楚自己，容易导致他人的误解。

曾经有一位来访者，在跟我咨询的过程中，我总是控制不住地要给她建议，然后我开始跟她一起讨论：为何每次我们的对话都会这样？

我知道她需要理解，可是我无法给予她理解，总是把我的想法强加给她。后来，她发现在我们的对话中，其实是更希望获得我直接的建议，所以她会避开理解自己的过程，而我也会不自然地往这个方向走。

实际上，希望我直接给予建议，正是她无法理解自己的原因，她希望我能站在她的角度去理解她，所以她总是想我给她一个确认——她是怎样的，然而当我真的这么做的时候，她又很生气，甚至十分愤怒，她感觉到自己不被理解。

到后来，她不得不去表达自己的感觉，我才能顺着她说出的感觉，站在她的位置去理解她。所以，从她的经历中我们可以看出，如果一个人不能靠近和理解自己的经历，那么他就无法站在理解自己的角度把自己表述清楚，别人就没有机会真正去理解他。

03 第三步：尝试进行自我确认

有很多人不敢进行自我确认，是因为他们觉得越确认就越容易感觉自己很糟糕。这往往是因为他们跳过了前面的这两步：回顾经历，理解经历中的自我。

自我确认是需要基础的，如果没有前面的步骤做基础，我们就很容易陷入粗暴分析的模式中，越确认就越否定、打击自己。

那我们可以做怎样的自我确认呢？

比如，你可以问自己：

▷ 当我看到经历中的自己是那样的时候，我有怎样的感受？那是我想要的状态吗？

▷ 我尝试过把自己表达清楚吗？我对某个部分的尝试感到自豪吗？我从这一次的尝试中，学到了什么吗？

▷ 我现在处在什么位置上，还有怎样的困难？离自己想要的位置还有多远？

注意，这些问题都是贴近我们感受出发的。也就是说，我们问这些问题，都是在征求自己的意见，跟自己核对。

很多人尝试进行自我确认，但是一开始就变味了。比如问自己：你这样做应该吗？你为什么不可以做得更好呢？你为什么总是犯这样的错误呢？

我们感觉一下这跟前面我建议的自我确认问话的差异：

自我确认的问话是把自己当作感觉的标准，去跟自己确认的；而以上严苛的问话，是把很多外在的“应该”和道理当作标准，然后来质问自己为什么无法达成这些标准，带有责问自己的意思。这样的问题，无论谁遇到都会想要躲闪，所以逃避觉察也是理所当然。但并不意味着不应该去觉察自己，只是我们需要更贴近地去觉察自己，才能陪伴和支持自己成长。

当一个人能够进行自我确认时，说明他不仅可以获得情绪上的稳定，还能通过自我确认来完成自我成长。就好像成了自己成长的教练，陪着自己练习，肯定自己的进步，持续支撑自己去实现过去不曾实现的目标。

不同的自我觉察深度，可能带来不同深度的成长：

当你能够从事件的慌乱中缓过来，开始回顾整个经历时，你就能摆脱歇斯底里的情绪状态；

当你不仅能回顾，还能去理解经历中的自己时，你就具备消化自己情绪、清楚表达自己的能力；

当你不仅能回顾和理解，还能做自我确认时，你就能够从发生的任何事件中获得经验来支持自己成长，开始从经历中获得源源不断的力量滋养自己。

对于觉察能力很强的人，或许这些都能够很轻松地做到，但对于过去没有那么多机会来发展觉察能力的人来说，就需要逐步进展。

重要的不是一下子做到什么程度，而是当你每多向前走一步，就多一点从掌握的觉察力中获益，在面对许多未知的事情时更多一点胜任感和安全感，从而能够面对更大的挑战，人生也会随之变得宽广许多。

轻治愈

1. 提升觉察力的三个步骤：回顾经历；靠近和理解经历中的自己；尝试进行自我确认。

2. 不需要刻意去追求觉察的深度，不同的位置都可以带来相应的稳定和成长。

生活中的仪式感，
是心理和现实间的亲密接轨

5月20日，我让老公给我发红包，他答应得很爽快，我也很开心！我回发他几个肉麻的表情，透过屏幕，我能感觉到他也很开心！

在过去，我老公是个很实用的男人，生活中你能够感觉到他细致的关心，但是对于过什么节、送什么礼物，或者要发红包、送礼物这些，他一概觉得华而不实，没意思。

有一次，我跟他抱怨，人家过节都有礼物，就我没有。

他说："怎么只有男生送女生，没有女生送男生啊？"

我一听想骂人，但回头一想好像也对。我一直觉得他应该送我礼物，但是生活中大大小小的节日，我其实没有好好准备过送他礼物。

我跟他一样，对于生活中的很多节日都是无所谓的态度，缺乏仪式感。我们是一致的，所以不能单独指望他发生变化，除非我也变得不一样。

在现实中，有很多人都活在和我们相似的状态里，无论是

对生活，还是对自己，都缺乏仪式感，总觉得很多想法心里知道就好了，何须做出来或者说出来。

实际上，有没有仪式感，对我们以及我们的生活来说真的不一样。有仪式感的人，跟生活离得很近，能够过出热气腾腾的感觉；没有仪式感的人，离自己的感觉更疏远，对生活不够投入，感觉每一天都过得差不多。

01 没有仪式感的生活，就好比一堆燃尽的焦炭

我过去有一个挺玩得来的朋友，虽然没到闺密的程度，但是两人很喜欢约着一起玩。然而有一段时间，无论约什么，她都觉得没意思。

比如，约逛街吧！她说，还不如在网上买呢，省事！

约吃饭吧！她说，好像也没什么特别想吃的，不如家里凑合着吃，还省钱！

有空去远点地方玩吧！她说，也不过是看看人看看风景，舟车劳顿，还不如窝家里舒服！

几次之后，我也觉得很没有意思，不想约她了。

我以为她不过是选择遵从自己的意愿，不勉强自己，可过一段时间后偶然遇见，我才发现她状态很萎靡。

我问她：“怎么回事？感觉你的状态很不一样。”

她说：“我也不知道，一开始觉得好多事情可做可不做，

就不做了。可慢慢地，就觉得什么都没多大意思，都不想做了……就这样感觉越来越颓废。”

当我们觉得生活没多大意思时，如果真的什么都不做，那我们就会越加证实生活是没意思的……如此循环，就越会因为没有意思而丧失行动的意愿。

相反，假如你一开始觉得做一件事没有意思，但是你愿意去尝试，可能在做的过程中就会发现不一样的感受，你便开始感觉到有一点意思。

仪式感相当于生活的一个标记，即便有时候你觉得没意思，但是当你尝试去做时，就会多一些体会，比那一刻什么都没有发生更有意义，这会推动你愿意为生活注入更多的激情。

没有仪式感的生活，就像我那个朋友经历的颓废时期一样，因为没意思而拒绝，反而把生活变得更没有意思。所以，珍惜仪式感，就是珍惜我们生活的状态，避免让自己陷入消极倦怠情绪当中。

02 仪式感，是一种看得见的自我确认

一位先生跟我讲，过去他是一个很重视仪式感的人，比如每逢重要节日和纪念日，他都会送老婆礼物。可是，他老婆总是责怪他，说他不该乱花钱，都老夫老妻了，不会在意他送不送礼物，只要他心在家里就行了。他觉得也对，好像自己确实

太刻意了。慢慢地，他送礼物的次数在减少，向老婆表达爱和情感的次数也在减少。

几年之后，任何一个节日对他们而言都没什么特别了，不过日子也过得好好的，没什么问题。后来，这位先生因为工作关系遇到一个小姑娘，他特别照顾她，借各种机会送对方礼物。他觉得自己遇到了真爱，觉得自己已经对老婆没有什么感觉了。

提起过去他对老婆特别用心的那一段，他说：“时间真的能冲淡一切。”

实际上，冲淡他们情感的不是时间，而是他们彼此的淡忘和漠视。很多时候，我们都高估了情感的持久性，以为既然是真爱，就会放在心里一辈子，即便什么都不做，什么都不说，也不会有变化。

可是，现实生活中，我们看到的那些恩爱夫妻，无一不是时刻在靠近和确认情感的，这就需要很多的仪式感来标记。

后来，这位先生说出了一句对于关系很重要的话，他说：“如果你真的很爱一个人，你总是忍不住要去为她做什么，这不仅是在讨她欢心，还是在跟自己确认你爱着她。”

所以，关键不在于你爱不爱，而在于你用什么样的方式跟自己确认正在爱着一个人。仪式感，就像是心理和现实之间的亲密接轨，如果你的心里有一点爱，你通过现实去行动和表达，你就从现实当中确认了自己的爱。

当你重视仪式感，实际上就是不断完成一些自我确认，就像我找老公要红包，就像我的朋友经历颓丧后开始用心整理房

如果你真的很爱一个人，

你总是忍不住要去为他做什么，

这不仅是在讨他欢心，还是在跟自己确认你爱着他。

间，就像上面这位先生喜欢送礼物。

表面上看，有没有仪式感，生活都能一样过下去，甚至没有仪式感的生活还会省掉很多事，但是日积月累，就会看出明显的差距。

注重仪式感的人，因为不停地获得自我确认，会活得越来越接近现实，这些现实带来的感觉往往又会启发更多的觉察和确认，推动着生活往自己想要的方向去发展。

而不注重仪式感的人，也是很少有机会做自我确认的人，总是活在自己以为的感觉里，在经过一段相当漫长的时间之后才发现，生活早已不是自己想要的样子，因此倍感遗憾。

所以，生活缺乏仪式感，常常意味着一个人远离了自己的感受，更注重想象的空间，较少活在现实的世界里。这需要我们通过提升自己的感受力和觉察力，重新完成心理和现实间的亲密对接。

03 通过仪式感，活出自己想要的人生

从我们的心理动力发展来看，如果一个人心里有欲望，那么他不可能在现实中什么都不做。

如果你对自己有更高的要求，那么在生活中你可能会有一些仪式感来完成自律的确认；如果你很爱一个人，在生活中你也需要一些仪式感来进行爱的确认；如果你很热爱生活，你可

能通过一些仪式感来完成对热爱的确认；如果你开始珍惜自己的身体，你也会用一些仪式感来确认你正在这么做……

从仪式感里，我们可以看到一个人内心的丰盈程度，当你的内心已经盛满了渴望，那么就可能通过仪式感来渗入现实当中，这是一个必然的过程。

逆向来看，这样的观察也一样成立：当一个人现实生活中开始有了一些不一样的仪式感，通过这些行动的确认，就可以明确他在往哪个方向前进。

每个人都需要仪式感，但每个人因为想去的方向不同，需要的仪式感也会有所不同。

比如，我认识一对小夫妻，别人结婚都想要举行盛大的婚礼，但是他们综合考虑自己的经济情况后决定：不办婚礼，而是来一场足够浪漫的结婚旅行。

婚礼在别人看来是很重要的仪式感，但是对于他们来说并不是，他们选择了自己喜欢的形式。所以，仪式感并不是僵化的，而是带有强烈自我色彩的。

后来，这段旅行的经历成为他们生命中非常难忘的记忆，这对于他们来说无疑是十分重要的。我相信将来他们携手而行，长长的人生旅途里还会有很多的仪式感。

从生活的仪式感中，我们最能感知到的一个人贴近自己的能力，比如他能否充分体会到自己的感觉，能否觉察到哪些部分对自己而言很重要，并且支持自己去坚持这些对自己来说重要的部分。

当我们每一次把一个想法变成仪式感时，我们就获得了一次自我确认。这就像现实生活中的路，通过我们一次次的自我确认，路一步步地从我们脚下延伸。每当你走完了一小步，就确认了自己现在走到哪里，并引出下一步该往哪里走。

所以，仪式感最终体现的是我们对生活的热情，是一种饱满向上的人生姿态，会让我们拥有更多深入的生命体验。每一个内心有着追求和渴望的人，都应该重视仪式感的作用！

轻治愈

1. 没有仪式感的生活，会让你感觉越来越无力，越来越没意思。

2. 仪式感的核心目标，是帮助我们在生活中完成自我确认，实现与现实的接轨。

3. 有没有仪式感，短时间来看没有差别，但从长期来看会有很大的差距，这就是有没有为自己而活的距离。

/ 第六章 /

接纳力：做个和谁在一起都能幸福的人

幸福靠的不是委曲求全，而是从内到外的成长

谈到接纳力，很多人会误解，觉得接纳就是什么都要接受，但又很纳闷儿，如果什么样的自己、爱人和朋友都接纳，不就变得没底线了吗，怎么还可能幸福呢？

我们首先需要澄清的一点是：接纳不是指全盘接受，怎么做都无所谓；更不是盲目认同，不管对错都觉得对。

接纳，意味着我们要通过觉察，对发生在自己和身边的事情首先有一个理解和领悟的过程。

比如，有女性朋友问我："我的老公变心了，我要如何把他挽留下来？"

如果你问她："你确定自己要不惜一切努力去挽留他吗，即便最终可能失望？"

她可能会回答你："是的，我要付出全部的努力，这样我以后就不会后悔。"

但我常常会想另一个问题：如果你知道此刻的挽回，会让你失去最好的成长机会，最终还可能因为这样的努力而失去感

情，你还愿意这么做吗?

被问到这样的问题，我想绝大多数的人都会停顿一会儿。

无论遇到什么问题，当我们总是想着怎样快速改变时，常常都没有做到充分的接纳。

比如，想快速修复关系的人，不能接纳另一半的变心，因为不能接纳，所以想赶快用一些办法来扭转事实。这种努力的背后，其实是在回避一种自我恐慌，即如果他的心不在我这里，我就是不被爱的，不值得被爱的。

当这样的恐慌被触发之后，很多人会想证明自己是可以被爱的，于是不断压缩自我的空间，变成别人喜欢的样子，来迎合他人的眼光。然而，这样的努力注定是空洞的。你越努力就越在向自己确认：那个最真实、最本来的自己就是不值得被爱的，即便你为自己戴上无数个完美的面具，你心里却越来越排斥不戴面具的自己。

当关系产生问题的时候，如果我们想到去接纳，可能就会不一样。

你会首先看到你们的关系出现了问题，这是一个事实，面对这个事实，你可能会有很多的情绪反应，你需要接纳它。

然后，在充分接纳自己情绪的基础上，你会启动自己的觉察，看到关系是如何变成这样的，自己又是如何走到现在的位置的，这样你才能对问题有一个接纳的过程。

接纳，不是悲观消沉，而是我们可以通过理解，让自己对事情和问题的理解不再浮于表面，而是深入去理解背后的脉络，这样我们就有了新的机会去重塑它。

接纳之后，你能放下一些东西，重新整合出一些自己的力量，这就是新的开始。而不能接纳的人，只能不断跟现实抗争，以过度委屈自己的方式，去维持一种表面的和谐，却阻碍了自己成长到真正可以接纳问题的位置。

01 越不能接纳自己的人，越不被珍惜

我有一位女性来访者，丈夫长得阳光帅气，令她非常迷恋。但她丈夫出色的外貌条件，也吸引了无数姑娘的爱慕。

从他们谈恋爱开始，当时还是她男朋友的他就绯闻不断，经常跟不同的女孩暧昧聊天，送对方贵重的礼物，甚至时常脚踏两只船。她非常无奈，好几次动过分手的念头，都被他哄好了。后来，他身边的女孩都因为忍受不了他的花心，陆续离开了。个别留下来的人，也都是不当真地玩玩，只有她死心塌地。

不知不觉他也到了结婚的年龄，父母开始催婚，想要孩子，他觉得她不离不弃最实在，于是两人就结婚了。

她原本以为结婚就可以终结一切的烦恼，从此过上安稳的日子。事实上，也的确平静了一阵子，可等孩子一出生，当月子里的她正为孩子忙得晕头转向时，老公却当起了甩手掌柜，带着相好的女孩四处游玩，还解释说没有什么实质性的关系，叫她不用当回事。

每次她想吵、想闹，想结束关系，老公就会无意识提及别

的女孩是多么优秀，言下之意是暗示她：他有很多好的选择，而她很差劲，即便分开，她也找不到更好的，还不如努力做得更好。

几年之后，她为家里付出越来越多，不断改变自己去迎合他，而他却越来越肆无忌惮。为爱妥协的这几年，她变得越来越没有自信，一开始还会想离开，现在却最怕分开，仿佛对方越不在意她，越把她否定得一无是处，她就越得紧紧地抓住他这根救命稻草。可悲的是，天天面对这样的生活，她已经足够痛苦了，然而她想用自己的忍耐换回先生的认可和回心转意，却遥遥无期。

02 成长和不成长，跟随而来的是完全不同的人生

另外一位来访者也给我讲了自己的故事。

嫁给她老公的时候，她是一位独立有主见的女性。婚后她主动放弃了很多机会，然而她老公并没有因此更珍惜她，反而对她处处挑剔。

比如，过去的她只管学习和工作，从来不会做饭，在丈夫的嫌弃下，她学会了做饭。然而，学会做饭还不够，丈夫还经常当着很多人的面挑剔她做的饭不好吃。

如果换作过去，她一定就忍了。可是经过一段时间的确认和成长，她的自我更结实了，她也很愤怒地说：“我这么

辛苦，是为了让你天天挑剔的吗？你想吃就吃，不吃就自己去做。”

从此以后，她丈夫一次都没有再挑剔她做的饭菜。

这一次的经历，让她很惊讶，原来当她能站在自己感受的位置去支持自己，对方也会对她忍让几分。这是她以前意识不到的，但是她的成长让她得以经历了不同，这种不同的获益又让她得以支持自己继续下一步。

还有另一个妻子的故事：

一个被家暴无数次的妻子，已经生了三个孩子了，婆家还想要她多生个儿子。然而他们的经济并不宽裕，丈夫没有稳定的工作，婆家的状况也仅仅是勉强够温饱，如果要继续生孩子，带孩子、养孩子的付出和支出都在她这里。然而，她还是选择了顺从。

她不仅没有被善待，还被当成了生育工具，然而承担这些重担的只是她一个人。难以想象，在没有多少支持的情况下，一个人要抚养四个孩子，还不知道今后婆家又要对她提出怎样的要求。这样的未来，很多人简直不敢想象，然而她对自己的处境却没有多少意识。

如果她不成长，面临的将注定是痛苦的命运。

所以，不论我们出身如何，成长于怎样畸形的观念里，只要你还有自我意识，愿意通过成长去追求更好的生活，未来就一定不会差。而如果你缺乏自我意识，任由自己在现实中滑下去，最后承受痛苦的只能是自己。

03 幸福不是从天上掉下来的，而是从自己心里长出来的

前面的来访者所面对的花心丈夫，从谈恋爱时开始，对方就无所顾忌，这说明她现在的位置跟对方的位置不对等。

在这段亲密关系里，对方已经做得很极端了，在这样的情况下，她越努力去获得对方的认可，对方反而越不会珍惜，越嫌弃她。

在这样关系不平等的位置，无论她做多少牺牲和努力，都很难获得跟对方平等的对待。从新的角度来说，她不如好好提升自己，当她能够接纳自己，不会总是因为对方的打压就否定自己时，她才能做选择，也才会被珍惜。

那些经常在关系里压抑自己的人，总以为只要站在道德的制高点，把自己逼成受害者的样子，总有一天正义会向自己倾斜，反败为胜。而在现实生活中，我们会常常看见，这样的痛苦剧情每天都在上演，并且一旦开始，没有意识和觉察止步，痛苦的生活就远没有终点。

幸运的是，很多人在糊里糊涂地指望另一半改变时，有一部分已经觉醒，开始意识到：决定关系如何演变的大BOSS不是别人，恰是自己。

我们唯有先给予自己充分的机会，去重新发展那个低自尊的自己，去接纳自己，让自己成长，才能在关系里站上一个新的台阶，不再像过去一样卑躬屈膝。

这印证了杨澜说过的一句话：**“幸福不是从天上掉下来**

的，而是从自己心里长出来的。”

指望从天上掉幸福，指望得到某个人的垂怜，指望一个变心的人回心转意，在想象中可以有，但如果仅仅是苦等，你很快就会被累积起来的委屈淹没。而那些遇到任何困难都不放弃自己，勇敢成长的人，每一天都在累积自己的力量，终究会不负时光的厚望，活出被珍惜、被善待的样子！

轻治愈

1. 接纳不是认命，是我们通过放弃表面的抗争，而去深入理解背后的脉络，获得重塑人生的机会。

2. 如果你想要别人接纳你，那么你必须先学会自我接纳，这样你才有勇气把一个完整的自己呈现在对方面前。

自我接纳，
是我们在关系里的底气

前一篇文章中提到的在关系中委曲求全的案例，现实生活中有很多。每每谈起这样的人，周围的人都是恨铁不成钢，一开始会觉得他们很可怜，久而久之又恨他们为什么不能多替自己考虑一点。

在正常人的逻辑里，如果一个人已经活得这么痛苦、这么压抑了，为何还没有一点成长意识呢？

实际上，他们也在努力为自己的生活寻找出口，只是他们不能接纳现实，无法从现实中依靠有效的觉察走出困境，才会总是感觉到无能为力。

与此同时，他们只能向现实妥协，不惜用虐待自己的方式，期望换来现实的照顾，结果总是失望，于是抱怨丛生。

他们对于伤害自己没有强烈的感觉，是因为他们不能接纳自己，不曾把自己当作重要的。他们在自己身上得不到一点认同，才会愿意把所有的精力都用来满足他人，期待获得他人的重视。

一个能接纳自己的人，遇到现实的困境，不会出现对自己的强烈指责，所以他们能够接纳现实；而一个不能接纳自己的人，遇上现实的困境，除了自责还是自责，为了逃避自责的痛苦和伤害，他们会选择用自我妥协的方式去改变现实。

接纳现实，往往是以接纳自己为基础的。

有句话说：**“亲爱的，这世界上没有别人，只有你和你自己。”**的确，你和自己的关系，决定着你与现实、你与任何关系的样子。

01 越不被自己接纳，越渴望被他人认同

复旦大学网红教授陈果说过：“自信是一种不管别人相不相信你，你都会相信自己的状态；而如果别人说你好你才好，那不叫自信，叫他信。”

当一个人不能接纳自己，就很容易发生内耗，跟自己较劲。唯一的一点精力都用在内耗上了，就只能指望通过他人的支持和肯定来获得力量。所以，越是不能接纳自己，就越想找一个能够接纳自己的人。这种接纳，看似是接纳，实际上是需要肯定和认同。

然而，正常的关系里一定有无法认同的时刻，这对于能够自我接纳的人来说没有什么，但对于不能接纳自己的人来说，就会拼尽全力去试图扭转别人对自己的看法。

比如，一位妻子，被丈夫说她“很自私，眼里只有钱，只考虑自己”，尽管她在现实生活中并不是这样的，以前也从没有想过这个问题，但是一被丈夫否定，她就很容易立即发生改变，用经济上的不计较来向丈夫证明自己不是他说的那样。如此，只要丈夫没有认同她，她的付出和努力就不会停止。这样做的结果是，她可能会为了获得认同而完全放弃自我，哪怕把自己逼到了极限，也不会轻易停下来。

如此就万事大吉了吗？显然不可能。这只是个开始，当对方每一次贬低你、否定你，都会换回你给予的巨大奖励时，对方就会无意识地变本加厉地侵入你的边界，让你感觉自己怎么做都不好，越来越糟糕。最终，你的信心会被完全摧毁，你觉得自己一无是处，只能听从对方的指挥和安排。如此，就跟你的初衷背道而驰了——你越希望找一个接纳自己的人，就越容易把关系演变成不会善待你的样子。

所以，**越不能接纳自己，就越会在关系里遇到不能接纳你的人**。你不可能改变他人，更不能向他人证明自己是值得被接纳的，唯有启动自己的觉察，先学会自我接纳，才能在关系里被善待。

02 能不能接纳自己，进入亲密关系就知道

前阵子看到华为被美国封杀后，任正非的专访，他在里面

提到的“备胎逻辑”很有意思。

他讲到很多年前就在开始研究自己的芯片，这种芯片是在绝境时刻才用的。但是，他这么做，不是用来取代对方，而是用来跟对方友好相处的。

他打比方解释说，如果对方先站上山顶，你想要跟对方平等，你就会努力往山顶爬。可是当你刚上山顶的时候，别人一定会打压你，试图用各种办法切断你的资源来封锁你，好让你赶快滚下山去。你要提前做好准备，这里有一场硬仗要打，这时就需要储存的“备胎的粮草”来给自己支撑，等到对方知道灭不了你的时候，才会尊重你，愿意跟你和平共处，你们才能握手言和，彼此承认对方的存在。然后共同站在山顶上，有了朋友的交情。

这是一种多么深的领悟啊！这么大的冲突、矛盾，在关系里看来也是可以被理解的。我们可以从中看出一点：真正又好又平等的交情，是谁都不会弱的。

正是因为华为充分信任和接纳自己，哪怕对方如此激烈的政治封杀也不怕，反而相信关系可以因为冲突而获得进展。如果换作一家不够自信的公司，真的被打下山去了，就一定会认定对方针对自己，要么抱怨，要么只能接受关系的不平等，选择下山去。

这样的发展脉络，放在大关系里如此，放在二人的亲密关系里也是一样的。真到了关系出现激烈冲突的时刻，你就能够看到一个人是不是真的接纳自己，能否支持自己去打一场硬仗。

我有一位来访者，总是埋怨在婚姻里无法获得另一半的支持，比如她想换工作，想考会计证，想学习新的技能，她的丈夫总是先否定她的想法，然后开始跟她分析如何不行。

一开始她并不完全听信丈夫的，也曾经尝试去求职，但是投了几份简历都失败了，丈夫又说："都跟你说了不行，你又不信，现在你总该信了吧！"她感觉深受打击，内心既感觉不满，也不敢再去尝试，心里对丈夫的埋怨也在与日俱增。

很多人会疑惑，为什么几次尝试之后，她得不到丈夫的支持，就会轻易放弃呢？

这是因为，对于一个缺乏自我接纳的人来说，能够在面对他人否定的情况下，尝试做自己已经很不容易了。在他们的行动里有着强烈的渴望，希望尝试几下就可以证明自己，让别人刮目相看。可越是这样，他们就越容易沮丧，越容易被眼前的一个小困难绊倒。

比如，这位来访者投了几次简历都没有成功，在平常人眼里这没什么问题，因为有可能工作不匹配，或者还没有遇到合适的工作机会。但是对于缺乏自我接纳的人来说，如果投几次简历不成功，那一定是因为自己不够好。这次失败，又会让她对自己的信心更低，自我接纳程度更低，所以这时丈夫再一次落井下石，就完全证实了她内心对自己的怀疑。她一方面会觉得自己有很多想法，另一方面又无奈于想法无法实现，最终只会把所有的埋怨无休止地指向丈夫，觉得是对方的不支持限制了她的自由。

亲密关系是很容易产生冲突的，所以要看一个人能否接纳自我，进入亲密关系就知道。

03 自我接纳程度，决定着我们在关系里的底气

自我接纳的人，能够在关系的冲突面前支持和维护自己，懂得为自己而活；不接纳自己的人，遇到问题最喜欢贬低和否定自己，活着都是为了讨别人喜欢。

越接纳自己，越为自己而活，就越会赢得尊重，越有底气去支持自己，保持自信；而越不接纳自己，越在意他人的想法，在关系里越没有自我，越不会被善待，每走一步的信心都需要他人来给予。

只有一个人有足够的自我接纳能力，才能像任正非所说的一样，在冲突中，完成自我补给，通过自我支持挺过难关；在经历冲突之后，还能在“平等的山顶上”相逢。

所以，我们能不能拥有一段平等的关系，不是靠缘分，而是首先看我们自我的接纳程度。

什么东西可以决定我们在关系里的底气？不是你的财富、身份，或者有怎样的外在条件，而是你是否发自内心地接纳真实的自己，尽管他可能处处不完美。

当你做到接纳自己，你就会感觉到自己是重要的，不会轻易否定自己，面对自己的问题有足够的耐心，允许自己付出更多的时间和机会去发展自己。当别人批评自己时，既能理解对自己有帮助的建议，又能充分体谅自己的不容易。你不会失控地去自我贬低，也不会凡事都以自我为中心。你只会稳定地在

那里，跟任正非的华为一样，不论别人怎么对待你，你都能通过再现、感觉、觉察、接纳，不懈地为自我的发展争取空间。这样的你，就活成了被善待、被尊重的样子。

所以，不接纳自己，遇见谁都压抑；自我接纳，才会让你遇见善待你的人！

轻治愈

1. 越不能做到自我接纳，就越会用自我妥协的方式去寻求认同。

2. 自我接纳的程度，决定着我们在关系里的底气，也决定着你如何使用自己的精力。

3. 亲密关系中的冲突时刻，最考验一个人是否能做到自我接纳。

如何做到
真正地接纳自己

谈到接纳自己，我首先想到很多年前一位来访者的故事。

他去医院心理科看病，医生给他开药，吃了很有效，但他很怕复发。

医生跟他打了一个很形象的比喻：症状就像农村里筛谷子，总会先抖出一些杂物，然后再筛掉。筛掉后，又抖出来一些，再筛掉。反复多次，直到筛完所有的杂物为止，就好了。

我们面对问题，跟医生解释的处理症状的过程是一样的：出来一点就筛掉一点；筛掉之后，还会有症状出来，我们再来筛掉……以此类推，症状就有机会被治愈。

这个比喻跟弗洛伊德解释心理治疗时“扫烟囱”的比喻有相似之处。它最大的作用，就是帮助人们理解了，要面对一个问题，不是一蹴而就，而是需要有一个过程。

听过这个比喻之后，这位来访者无论是求医，还是后来在医生的建议下寻求心理咨询，再也没有担心过复发的问题。因为他很清楚，症状有很大的概率会复发，但通过复发，我们就有机会反复去面对问题，最终彻底治愈。这是解决问题的必经之路。

那么，同样的道理，我们要如何做到真正接纳自己呢?

在我的来访者中，时常有人急切地想要接纳自己。因为从各种心理科普文章中，他们已经知道了接纳自己的好处，明白了接纳自己是一条非走不可的路。想得挺好，认知也很正确，但眼前要怎么接纳自己呢，一点谱也没有。遇到问题时，发现自己还是没办法做到。这就形成了一种拉锯，一边想要接纳自己，一边又做不到。当渴望不断受挫之后，很容易对自己失去信心，越发觉得自己不够好，不值得被接纳。

所以，很多人之所以没办法接纳自己，不是因为自己有多糟糕，而是因为他们太想立刻获得接纳的结果，却忽略了接纳的过程。

01 允许自己从现在的位置往前走，是自我接纳的第一步

先举个例子：

假如你身体受了外伤，去看医生，请问你是直接把受伤部位给医生看，还是把这个受伤的部位裹上好几层衣服，再让医生通过猜测来感觉你伤到哪里？哪一种更能帮到你呢?

看起来，显然是前者直截了当的帮助更大。但是在我们心理成长的过程中，后者是很常见的，也就是说，我们不仅会带

着症状，也会带着自己的防御去见心理咨询师。

你既渴望咨询师能很好地帮你解决问题，同时又会有所保留以求让自己感觉安全。你更希望自己在别人看起来是更好的、更有能力的、更有价值的，这会让你选择去掩饰自己。

你可以说是因为不接纳，所以才要掩藏自己的问题。你可以接纳自己的不接纳，因为我们感觉到紧张、不知所措，才选择了一些安全行为。当你感觉到关系更安全时，你自然会放松自己的防御。但同时，如果你暂时不能接纳自己的不接纳，你也可以接纳自己有这样的状态。这说起来有点拗口，意思就是：无论你能不能接纳自己的某种状态，都没有关系，这都是你真实的感觉，允许自己停在这个位置就好了。

放到上面的例子中来说，无论你是开放地让医生看病，还是裹着身体去看病，这都没有什么对错。你只需要看着自己的状态就好了，不用急着去改变它。

所以，接纳的第一步就是，不要强行让自己变成某个你觉得更好的样子，而是要允许自己不改变，无论是接纳还是不接纳，无论是抱怨还是愤怒，只要你能站在当下的位置，看到自己所在的位置，就是非常宝贵的。

02 接纳是一种真实的自我看见

当我们还是一个小孩的时候，是能够充分做到自我接纳的，饿了会哭，开心会笑，我们并不觉得自己有什么不好。但当我们展露出这些情绪时，不是所有的养育者都能接得住，有的养育者会因为无法承受这种焦虑而开始教给孩子一些成熟的道理。他们用这些道理去管束孩子，这样孩子就有了一些社会化的过程，开始接受一些社会规则。

但同时，孩子心中那些没有被充分表达的情绪也开始退后，甚至慢慢被遗忘，只剩下一些干瘪的道理支撑自己。所以那些很小就过分懂事的孩子，常常都有接纳自己的困难。

如果不为自己设置那么多的限制，每个人都会有接纳自己的能力。当我们的接纳能力突然不见时，往往是被一种（感觉里）高于自己的力量打断的。

这种力量不一定来自养育者，也可能是亲密关系里很强势的伴侣，某个更有社会身份的长辈和朋友。当你感觉到弱小时，你可能会寻求一些力量的庇护，当这些力量特别想把你改变成某个样子时，就会阻止你去接纳眼前的自己。他们以为可以帮到你，谁知道只是揠苗助长而已。

所以，在不接纳里总是藏着一种慌张的感觉，就好像站在自己的山头，总觉得对方山头的草长得更茂盛，可是当你想一下子过到对面去，又过不去。我们每个人都有着自己内在的运作模式，很多人总是想放弃自己的领地，是因为他们不理解自己，感觉不到自己的重要。

比如，一棵树，如果根系不发达，哪怕拼命吸收营养，也会感觉生长很吃力，它可能会觉得自己很糟糕，感觉自己不如别的树好。假如这棵树能够看见自己是怎么长到今天这样的，是怎么吸收、传输养分和生长的，经历了怎样的努力，又经历了怎样的困境，以及怎样坚持的，有怎样的感受，它就会开始重新用自己的理解来定义自己。

它能看见自己了，所以它不会继续恐慌。它可能依然长得不太好，根也依然不够健壮，它依然看得到自己的问题，却不再觉得自己糟糕透顶，而会从现在的位置产生一种支持自己的力量来，这就是一种自我接纳。

自我接纳，并非好的坏的都要说成是好的，而是我们经历一个过程之后，最终会接纳一件事：**生活中所有的呈现都有其更深层的意义，即便有失败，即便有遗憾，我们也可以从这个位置获得充分的自我支持。**

一个人只有自我接纳了，才能获得自己持久的支持，有力量在现实中随着内在的指引去做出改变，活得更像自己。而在此之前，重要的不是去改变，而是通过认知、感受、觉察深入自己内部，去启动这样的力量。

所以，接纳力是我们活得幸福的四个核心能力的最后一个，这是建立在认知力、感受力和觉察力获得充分发展的基础之上的。

一个人只有具备一定的认知、感受、觉察能力之后，才有可能做到真正接纳自己。

03 接纳自己的几个步骤

真正地接纳自己，需要怎样的步骤呢？

第一，带上对自己的好奇，充分允许感受浮现。

我们前文曾经谈到，你想要接纳自己，得先承认自己身上可能有一些不被自己理解的东西，这是前提。

这好比说，你有一麻袋的东西，你想要接纳它，首先你会好奇这里面到底有什么，先打上一个问号，然后再打开看看这里面真的有什么，看看这些东西会唤起你怎样的感受。

接纳不是在道理层面的接纳，更不是盲目地接纳，这样的“假接纳”不能帮助你成长，反而会阻碍你真正去接纳自己的过程。

我经常会遇到一些来访者，说到什么都懂，说到什么他都认同，每当这种情况我就会特别小心——他看起来什么都接纳了，这往往意味着他实际上把真实的自己藏起来了。我们需要等待更久的时间，等待“假接纳”的这幕戏充分演完，我们才能开始跟真实相遇。

这个阶段经常遇到的问题是：因为习惯了“好”的标准，一旦我们触及感觉里不好的部分，就像是在冒险，因为这条路过去没有走过，太让人恐惧了，很容易让人停下自我探索。

在这个阶段，最重要的是，你要像一个过去只能依靠拐杖走路的人一样，尝试着慢慢放开依赖，把那些傍身的道理偶尔试着暂放在一边，对自己多一点好奇，看看你自己会怎样。

第二，跟随自己的感受，充分理解自己。

如果能充分好奇自己，给自己空间，那么你会慢慢感觉到很多情绪、情感开始浮现上来。

这时候最重要的是，不要去否定它、评价它，而是要给自己更多的空间去理解它。

比如，当一个小孩号啕大哭时，你最需要做的是假设他的哭有自己的理由，而不是用暴力让他不要哭，要允许他哭，允许他表达自己的情绪和感受。如此，他会自然平静下来，你才会有机会去了解这背后的原因。

当你面对自己的时候，你可以像对待这个孩子一样，温柔地对待自己，无论此刻的你怎么想、有怎样的情绪，这都不是重要的。重要的是，你要相信自己一定有理由。去找到你自己的理由，对这些过去断裂的部分加以修复，你是值得被理解的。

所以，对于那些曾经经历心理创伤的人来说，最重要的是，不用急着从别人的建议中获得稳定，先允许自己颠簸，无论别人怎么觉得你不应该，你都可以暂时放一边。因为让自己最快恢复平衡的方法，就是允许自己摇摆。

摇摆才能松动僵化的部分，获得人生更大程度的自由。就像成长需要叛逆期一样，每个人都大致需要这样一段摇摆的、孤独的、不被人理解却仍然坚持自己的时期，才能生长出一个结实的自己。

只有经历过这个过程，别人不理解，你依然不放弃自己，你才能有机会去深入理解自己，成为自己最亲密的战友。然后这一部分理解又会引发更多的自我理解，一部分自我接纳会支持更多的自我接纳，以后，即便你面临更大的困难，也不再轻易害怕。

第三，通过觉察确认，活出自己最渴望的部分。

如果你过去一直处在某种感受里，比如说愤怒，当你充分体验过了，这个波峰一定会下降，然后你发现自己不会满足于一直愤怒了。愤怒减少之后，你开始有了更多的自我空间，开始觉得不满足，心里空荡荡的，有些失落。

这时候，你自然会想找一些东西来填充自己，你会忍不住要在现实生活中做点什么。这种有点兴奋的慌乱，常常会启动你的觉察。当你感觉到自己快要冲出去时，你只能重新跟自己确认自己到底想要什么。

这种确认，往往会唤起你内心压抑许久的渴望，那是你最真实的一部分，只是过去没有空间来盛放它，只得留在角落里。现在有了空间，那些本真的、充满活力的、带着天赋的部分就可能被你重新重视。

当你的人生越来越向这个真实的、充满力量的自己靠近时，你就通过自我成长改变了自己的人生轨迹。

所以，真正地接纳自己，最终都会体现在你的行动里，你会觉得自己有了底气，有了能力支撑自己要在现实生活中做点什么。在他人看来，这时的你已经有了很大的变化。

轻治愈

1. 允许自己从现在的位置往前走，是自我接纳的第一步。

2. 因为懂得，所以慈悲，接纳是一种真实的自我看见。

3. 一个人只有具备一定的认知、感受、觉察能力之后，才有可能做到真正接纳自己。

找到自己的核心特质，是维护关系的根基

前阵子，刘涛的新剧《我们都要好好的》火了。在剧中，她饰演的寻找，出身书香门第，不顾家人反对，嫁给了家庭背景差距很大的丈夫向前。

丈夫是个工作狂，一门心思忙事业，终于兑现给寻找的承诺，买下280平方米的豪宅。而寻找婚后便放弃了喜欢的工作，当上了全职太太，相夫教子。

由于丈夫应酬太多，加上两人长期缺乏沟通，寻找找不到一个人来分担困扰，在长期的孤独和煎熬之下，患上了严重的抑郁症。然而，即便在得知妻子因抑郁而自杀，丈夫也没有先去医院看妻子，还是选择先去工作。他觉得自己所做的一切都是为了让妻子和儿子过上优质的生活，妻子不仅不珍惜，还总是矫情添乱。

这是很多中国家庭所面临的“丧偶式婚姻”的困境，一开始丈夫和妻子都想为家庭付出，于是丈夫在事业上如日中天，妻子开始退居家庭，这时候大家并没有觉得有什么不妥。直到

有一天，妻子和丈夫都无法再忍耐情感上的孤独，要么是丈夫瞧不上不求上进的妻子，要么是妻子再也无法忍受如此疏远的关系，内心委屈。在这个过程中，虽然丈夫也一样受到冲击，但是他要面对的痛苦比妻子轻很多。同样是关系艰难，妻子几乎为了婚姻放弃了所有，而丈夫没有。

所以，面对这部剧，有人会评价，看着剧中的妻子很可怜，却无法唤起同情，因为**在婚姻里，她丧的不是偶，而是自己。**

01 丧失自我的人，在关系里活得有多辛苦

我曾经有一位来访者也是个全职家庭主妇，丈夫年轻有为，短短时间做到了一家知名企业的总经理，而她和寻找一样，选择了留守家庭。

刚开始的前两年丈夫会对她说："老婆，让你受苦了，我一定会让你幸福的！"

可是从第三年开始，丈夫对她就有了很多厌烦，比如谈到对社会的某个看法，她说了一下自己的观点，丈夫就会说："你是在家待傻了吗，还是理解能力有限？"

如果换作过去，她还是一名出色的职业女性时，她一定会怼回去。但是在家三年的她，每天面对的都是孩子、家务、采购，的确感觉自己快跟社会脱节了。所以当丈夫质疑她时，她

只能沉默，心想着以后一定要多多关注社会动态，这样丈夫才不会觉得自己落伍。

然而，即便她做了很多功课，特意去了解丈夫喜欢的东西，并试着去跟丈夫交流的时候，丈夫也依然会讥讽她："不懂就不要装懂，这样感觉很恶心。"

不仅是发表个人意见的问题，还有孩子教育、家庭安排上，丈夫总是居高临下地指挥她干这干那。她通常会选择迎合丈夫，就怕他生气。

然而，她取悦丈夫的努力，并没有得到丈夫的珍惜，他反而越来越嫌弃她。直到她发现他有了外遇，他还义正词严地说："我出轨都是你逼的，你看你现在的样子，没有一点骨气，没有一点上进心。你受得了，我可受不了了。"

他绝情地离开了，甚至没有多分给她一点财产。直到此时，她才恍然大悟，丧失自我的这些年，她的努力不仅全白费了，还把对自己的信心也一同耗尽了。原来，一心只想着为家庭、婚姻付出，才是一个吞噬自我的巨大窟窿。

痛定思痛，她选择了自我成长，她要把那个有力量的自己重新找回来。

没有人可以无休止地忍耐身处一段关系里的痛苦。如果你想要婚姻更持久，你需要更多地替自己考虑，帮助自己在关系里活出一个更舒服的状态，而不是没有限度地忍耐。

02 在亲密关系里，是什么让你感觉自己值得被尊重

按道理来说，尊重不需要任何条件，只要你是个人，你就有被尊重的权利。

但是在每个人的心理状态里，自己是否值得被尊重的感觉却不是恒定的。

在那些你感觉自己不太好的时候，你会允许别人忽略你；而在那些你喜欢自己的时刻，你更能够站在自己的立场上坚定地替自己说话。

关系里的尊重，常常是对方给我们的，也是我们给自己的。

乔布斯的遗孀劳伦娜，刚和乔布斯相遇时，乔布斯的事业还没有多出色，却是一个不折不扣的花花公子。两人已经在一起生了几个孩子，乔布斯不仅没有娶她，还绯闻满天飞。

她也苦恼过，但她并没有因此沉沦，更没有因此放弃自己。在想清楚这段关系对自己的意义以及自己想要的人生之后，她走上了一条更加坚定的路。

她曾在采访中说："去做你想做的事情，留下一个你认为重要且永久的痕迹，那么生命就没有虚度。"

最终，不仅她自己成了一名成功的投资者和慈善家，乔布斯也在许多场合将自己的成功归因于劳伦娜，他说："我获得的成就，都要感谢我的婚姻、感谢我的妻子，她是我的灵魂伴侣。"

有媒体评论说："劳伦娜并没有什么特殊的魔力，她唯一做的事情就是，在这段婚姻里做自己。"

当一个人可以尽情地活出自己的时候，就获得了一种更好的自我状态，感觉自己值得被尊重。

所以，一个人能否在关系里感觉自己值得被尊重，常常取决于他内心有没有一种稳固的东西可以依托，这就是我们所说的核心特质。

缺乏核心特质的人，就像一个人没了骨头，只能凡事顺从、隐忍、抱怨，或者息事宁人，没有一个标准去指引自己面对不确定的挑战。而当你确认了你的核心特质，你就有了一个参照标准，遇事才不会慌乱。

当你无论受到怎样的对待，你的内心都有一种无比坚韧的确定感，去跟生命的意义连接在一起时，你就能获得一种由内而外的稳定感，在关系里更自信，更懂得尊重自己。

所以，那些在关系里丧失自我的人，最重要的不是要去改变对方，而是通过成长，稳固自己的内在心理结构，确认自己的核心特质，勇敢地活出自我，才会在关系里重新获得尊重。

03 去确认你的核心特质，无论多难也不要轻易放弃

一个朋友生了小孩，她很清楚家庭主妇不是她的归宿，所

以利用产假的完整时间，她决定好好去读一读之前想看又没时间看的好书，坐着看，站着看，躺着看，走着看，反正一有空就看。等一年之后回到工作中时，她差不多看完了100本书，相当于过去十年阅读量的总和。

问她看了这么多书收获是什么，她说："这样做的时候，我会很喜欢自己，并且我也确实从书中打开了眼界，特别是专业上的思考。过去我一直都在忙着做事，所以这段闲下来的时间对我来说格外重要。"

回到工作岗位，她不仅可以很好地对接工作，身材也恢复到产前的状态。

有的人可能会说："人家有条件哪！我自己带孩子，哪有这么多时间去看书啊！"

其实，条件是自己创造出来的，比如孩子睡觉、上课外班的时间，比平常早起一点的时间……问题是找出空闲时间之前，你要提前觉察到什么对你是重要的，也就是说，你会把什么放入这些空间里。

如果你一直埋怨自己怎么这么倒霉，或者埋怨他人怎么对自己不好，这都不会从根本上改变你。很多关系最后破裂，是因为两个人都停留在各自的位置，不愿为自己的成长多做些努力。

如果你想要拥有自己的核心特质，你需要一次次跟自己确认：有哪些事情对我来说，绝对不能放弃。

你不能为了迎合别人而指望自己是万能的，这种期待相当于自毁。你只能挑选出那些对自己足够重要的部分，来与其他不重要的部分相区分，无论多难也要去坚持那些对自己而言重要的部分。

最终，**你是什么，就会吸引什么，核心特质会成为你们关系最深的连接**，而那个维持稳定的根，就在你这里。

关系出现扭曲，固然是双方的共谋，但我们想要关系变得不一样，首先得澄清自己内心的想法，确定你最重要的内在特质，并且不惜一切努力去坚持它。

这样的坚持会让你变得更自信、更勇敢，更相信自己是有吸引力的，是值得被爱的。

轻治愈

1. 在关系中丧失自我的人，最重要的不是要去改变对方，而是通过成长，稳固自己的内在心理结构，如此，才会在关系里被尊重。

2. 只有当你确认了自己的核心特质是什么，你才有一个内在的参照标准，遇到事情才不会慌乱。

你是什么，

就会吸引什么，

你的核心特质会成为你们关系最深的连接。

活出最喜欢的自己，去跟幸福相遇

在这几年的咨询工作中，很多人对我推崇的自我成长这件事一开始很不理解，特别是很多在婚姻里感觉到非常无力的人，他们认为关系的问题都是对方的问题，只要对方改变了，问题就都解决了，自己又没有错，为何还需要成长呢？

可是等他们在婚姻里费力挽回，碰了很多壁之后，才发现没有办法，不得不选择自我成长。等他们真正开始这一条路，发现要改变自己太难了，这才明白自己最初想立刻改变对方的想法是多么荒谬。

所以，出现了问题，我们无论站在哪一方的立场上，要改变一个人都绝非易事。可是，在关系里又有多少人无力去探索自己，却一直指望对方改变。

我最喜欢说的一句话是：“那些总想改变别人的人，是因为对自己不够了解，也不愿意去了解。”

01 越依赖对方改变，越阻碍自己成长

我有一位来访者，从小在父母的争吵中长大，她发誓以后一定要找个对自己好的人，摆脱父母的冲突模式。

婚前，男朋友对她极尽顺从，她说什么就是什么。可是，婚后一年，他们就产生了严重的分歧，生活中两个人总是有不同的意见，而她要求丈夫必须听她的。

如果丈夫稍有不高兴、生气，或者不支持她时，她就觉得丈夫有问题。尽管大多数时候丈夫都顺着她，她依然感觉到生活有很多的不满，责怪丈夫不能像别人的丈夫一样，无条件地理解、肯定和支持妻子。

婚后三年，她很绝望，说要离婚。她觉得婚姻让她不自由，无法活出自己。她一直希望丈夫改变，但又一直因为不满丈夫的不变而痛苦，离开婚姻，她也不知道自己能够过怎样的生活。

我问她："看起来你已经不满很久了，为什么不去为自己做点什么呢？"

她说："你是指离婚吗？我虽然在提离婚，却还没有真的好好想过离婚，虽然他有不好的地方，但还是有很多地方是我挺需要的。我最不满的是，我知道自己有些想法是对的，可他就是不支持。"

我问："如果他不支持，你继续坚持你的想法，会怎样？"

她说："我不敢想象，那我们一定会吵得很厉害，可能会离婚，可能跟我父母一样一辈子也吵不明白。"

我问："这么说，你从来没有在他不支持的情况下，去坚持你自己的想法？"

她说："是的，我不是一直都在等嘛！我希望自己能找一个好的人，有了他的支持我就会很不一样，可是你看他一点也不理解，真是太让我失望了。"

我问："你有没有想过这样一种可能，即便他不支持你，你也可以按照你自己的想法去生活，重新活出一个你更喜欢的自己？"

她说："这只有一种可能，我们离婚了。"

我们可以从这位来访者身上看到深深的无力感。这种无力感不是因为她遇到的问题，而是她有好几年的时间一直都在抱怨，从没有意识到可以为这种关系里的自己做点什么。

当她这样一直埋怨丈夫不改变、不支持她时，最大的好处是：她可以不用面对自己的成长。把生活中所有的不快乐都当作别人的问题，这就是小孩子的思考模式。

如果你说她在关系里不努力，她一定会非常不认同地告诉你："我有努力啊，我说也说了，吵也吵了，他就是不支持我，我能怎么办？"

我们注意看，这些的确都是在努力争取自己的想法得到肯定，但同时又是一种安全行为，当她把很多精力花在争辩、去获得认同时，是为了避免按自己的想法去行动的困难。也就是说，她站在原地一步也走不动，所以只能埋怨别人为什么不推着自己往前走。她在用埋怨来掩盖自己无力行走的真相。

这样不仅不能发展出行走的能力，还会让自己陷入无用的依赖之中，一直埋怨他人，一直逃避去面对自己。

02 幸福不仅仅靠别人给，你也可以给自己

和上面案例中渴望获得支持的女性一样，想通过努力付出来让另一半给自己幸福，也是一种安全模式。

不是说我们不能指望这些关系里好的部分，而是如果我们完全依赖某个部分，就说明我们在这里可能存在着某种阻碍或者缺陷。

比如，另一位女性，在关系里尽力做到最好，对老公无微不至，她希望自己的付出，可以换来老公同等程度的对自己的重视。

然而，事与愿违，她的老公接受了她的好，却没有像她想象中一样细微地去照顾她的感受，她一开始不敢明说，只能在心里委屈。等实在忍受不了时，她提出来，对方却说："我没有让你对我这么好啊，你做不到，可以少做一点啊！"这样，她指望靠对方获得幸福的模式就失败了。

这样的情况非常常见，我们时常以为：我对你好，就可以换来我想要的好，然而我对你好，始终不等于你对我好，更不等于我们的关系会好。

那么，反过来看，既然这样的付出很难换来想要的幸

福，那为什么很多人还要如此付出，并且会无法停止自己的付出呢？

显然，他们更需要通过付出来让自己感觉安全，觉得站在道义的角度上，只要自己拼命付出了，幸福就有希望。这就相当于把幸福完全地寄托在他人身上，以至于在关系里丧失自我也换不来幸福。

这样的安全行为，帮助他们回避了暂时的痛苦，也让他们没有机会站在痛苦的位置去发展自己。不管是努力争取自己的想法被肯定，还是努力付出渴望回报，他们都以为只要对方改变，自己就不痛苦了，实际上看不到自己痛苦的原因是自身的无力。

拿本文的两个案例来说，前者是因为没有稳定的自我，无法支持自己在关系里做自己，才会一直艰难地去渴望对方的肯定，实际上她内在否定自己的声音远远甚于丈夫对她的否定；后者是因为无法靠付出、讨好之外的途径去获得价值感，才会一直认为只有这一种方式可以让自己幸福，哪怕她做了这么多，她对自己的不认可也远甚于丈夫对她的不认可。

所以，如果我们在心理发展上遇到了一些阻碍，我们就渴望用其他部分的过度努力来补偿这个阻碍，实际上这不仅不能如愿以偿，还会让别人通过你没有边界的补偿心理进一步伤害你。

回归到关系本身，每个人都应该对自己的成长肩负起责任。与其用对别人好，来换别人对你好，不如先让自己活得舒服，让对方和关系都可以有更多轻松的空间。

幸福，不全是别人给的，更是你给自己的。这两者有很大的关联，当你更善待自己，你能把自己的生活过得更舒服了，你就不会再允许别人随意伤害你。

所以，无论我们遇到什么样的状态，无论别人怎么对待自己，我们都可以成为自己忠实的拥护者和陪伴者，问问自己：我想为自己做点什么，让自己感觉更幸福？

03 活出新状态，会帮你选择新的人生轨迹

大多数人进入亲密关系都有一个期待，希望关系能够永远停留在最美好的时期，永远不要发生变化。我们可以接纳自己有这样的渴望，但也要接纳关系永远是变化的。

在适应变化之前，每个人都可能面临一段不适应的时期，有着自己固守的某种安全行为，即便出于现实需要，我们也无法一下子到达一种新的状态。

比如，最近两年，我和我先生的关系发生了一些变化，他从一个家庭暖男变成了一个超级忙的工作狂。以前我无论做什么事都有他陪在身边，甚至我拿了许多年的驾照，却一直都不敢开车，因为在我的感觉里，无论大大小小的事情，有他在就够了。可如今，他早出晚归，回家也是电话、微信、算账，忙得不可开交，忙完之后，我和孩子都睡了，他也一沾床就睡着，第二天又在大家还没有起床前上班去了。

一开始，我觉得没什么。可是一段时间过后，我就觉得什

么都靠不上他了，这样下去我们的关系一定完蛋。我们聊过这个问题，他很坚定地说不会的，然而我的内心已经到了难以忍受的极点。

一段时间之后，我想明白了，我以前忙的时候不也是这样吗？现在他忙起来了，意味着我的生活要离开以前的安全区，意味着我的挑战来了。但我很恐惧，不知道无法互相依赖的路会是怎样的。

我用了一段时间调整自己的状态，重新学习驾驶，要求自己更高效地工作，尽量安排时间亲自接送孩子……经历这一切的变化，我发现现状并没有我最初想象的那么糟糕，我获得了一种自我确认的胜任感。

杨澜曾说："成长并不是一个毫无痛苦的过程，我用一部分青春换回了一些阅历，我所得到的比我失去的更为珍贵。"

现在，即便让我再回到过去和丈夫相互依赖的状态，我也回不去了，过去那些我觉得最珍贵的东西，当我失去了，却得到了更珍贵的。

生命真是一场奇遇，经历过，才发现新的生活更自在、更自由，更令人向往！甚至，我比以前更忙了，却比以前更坚持锻炼身体了，我知道自己身体的某一个部分被激活了。

所以，对于那些害怕变化的人来说，我觉得最好的状态就是允许自己去看看更广阔的世界，你永远不知道你能面对怎样的挑战，你可能会找到新的更适合自己的状态，而这些状态又会改变你接下来的人生轨迹！

与其去留住幸福，不如尽可能活出你最喜欢的自己，去触及更多的幸福。

轻治愈

1. 遇到问题一直埋怨他人的最大好处是：可以不用面对自己的成长。

2. 无论我们遇到什么样的状态，无论别人怎么对待我们，我们都可以成为自己忠实的拥护者和陪伴者。

3. 在变化面前，每个人都可能面临一段不适应的时期，无法一下子到达新的状态。

/ 第七章 /

幸福力，让你成为小小的宇宙中心

想要活得淡定从容，先过好每一个人生弯道

在电影《飞驰人生》中，叱咤风云的拉力赛车手张驰，因私自赛车被禁赛，人生瞬间从天堂跌入谷底。

五年后他终于重返赛场时，他说了一段话：

“巴音布鲁克，1462道弯，109公里。耍小聪明，赢得了100米，赢不了100公里。你问我绝招，绝招只有两个字，奉献！就是把你的全部，奉献给你所热爱的一切。我每天在脑海里开20遍，5年，36000遍，我能记住每一个弯道。”

这就是高手的淡定从容，不是寄期望于偶然，而是奉献出自己的全部，用笃定的努力，去过好每一个弯道。

时常有人问我：“我想变得成熟一点，如何才能活得淡定从容？”

我说：“那你必须去经历，一次次地去经历。”

一种经历是在现实中去亲身经历；另一种经历是在感觉里复盘，加深自我意识。现实经历很有限，但体验和感受的空间是无限的。

01 自我麻木和自我确定的区别

如果你什么都没有经历过，却希望自己活得淡定从容，无异于一个赛车手忽略所有的赛道风险，不要命地往前冲，这就是一种自我麻木。

只有不断地从经历中去觉察，或者在感觉里无数次地跟自己确认，然后笃定自己要走的路，你的自我慢慢变得越来越结实，这才是真正由内而生的淡定从容。借由这股由内而生的力量推动，你会在现实中展现自己的胜任力，才能无比确信自己已经具备了过好每一个弯道的能力。

所以，自我麻木是忽略已有的问题；自我确认是不断澄清看见所遇见的问题。两者的根本区别在于：前者是掩耳盗铃，把白纸当成一幅美妙的图案，平时自欺欺人，遇到困难时内心会很恐慌；后者是实实在在地理解了自己，也理解了事物发展的某种规律，在现实的碰撞中，更确定自己该做如何选择。

自我确认的人其实是在完成幸福力的升级。他们用自己不断升级内在处理的能力，在现实生活中去尝试，然后再不断修正，直到他们感觉越来越容易，生活的确定感就是这么来的。

常常听到有人说，自己在关系里没有安全感，他们似乎觉得自己的安全感应该由别人来负责。其实，这不是一个问题，而是一个信号，当你在关系里感到吃力和困难，说明你的内在能力不足以支撑你面对眼前的困难了。

这时候，如果我们不顾自己内心的恐慌，只管去抱怨和责怪，那么我们就相当于麻木了自己的感觉，这些来自内心深处的信号，也就无法成为我们成长的资源。

相反，尽管我们看到现实生活中有来自他人的伤害，但我们更能感觉到内心有一种持久的、不论对方做什么都存在的不踏实感，然后我们试着去探索自己，就有可能修复过去的创伤，完成更多对于自己的确认。这样，即便关系还是原来的样子，但我们在关系里的状态会有根本性的改变。

02 你不能允许，对自己只是一个陌生人

A女士，在感情里总是很不顺利，第一任男朋友是她大学同学，一开始对她很是殷勤，可是很快就喜欢上了别的女生，跟对方甚是亲密。好心的同学提醒她，她说："怎么可能，那只是他正常的女性朋友，没什么问题的。"

直到快毕业时，对方已经准备跟另外的女生结婚了，她才醒悟，觉得男朋友太绝情了，怎么能说走就走。

毕业后，她通过相亲认识了第一任老公，两人一见钟情。半年后两人确定关系结婚，婚后三年，孩子才1岁5个月，老公便出轨了自己的女同事。

得知这件事，还是女同事的老公找到她，告诉了她事情的真相。她十分淡定地说："我无条件信任我的老公，他不会做出这样的事情。即便他们关系很好，我也不相信他们真的有

什么。”

她甚至没有多去了解一下他们到底是什么关系，他们之间到底发生了什么。她只是告诉自己：我不相信他真的敢乱来，如果真做出什么，我一定会跟她离婚。

后来，有一次她弟媳找到她，说她老公带了一个女人回老家，两人关系好像很不一般。

她去问老公，带了谁回去，为什么没有告诉她。

她老公反问她：“你是装傻，还是真傻啊？这些年，我是怎么冷淡你的，你难道感觉不到？”

她一头雾水，问：“那你就不怕我跟你离婚吗？”

她老公说：“要是你敢提，那再好不过了。我就等着这一天呢！”

她继续追问：“那你跟她真的有什么吗？”

她老公不耐烦地说：“你自己想去！”

找到我的时候，她问我：“罗老师，你说他们是不是在骗我啊！我老公不可能跟别的女人发生关系的。我有点恨我的弟媳，觉得她是在挑拨我和老公之间的关系。”

然后，她又去跟老公道歉：“对不起，我知道我不该怀疑你，都是我的错！以后我再也不听别人胡言乱语了……”

还没等她说完，老公转身就走了。

我问她当老公这样对她的时候，她有什么疑问，或者有什么感受。

她说：“我对他很了解，他人就是那样子的，我理解的。你要相信我，我是有感觉的，如果他真的怎样，我会跟他离婚的。”

我深知这不过是她给自己一个不去想的理由罢了，不管她老公有没有真的出轨，这些信息都足够让她痛苦了，可是她没有，很显然她在刻意避开什么。

如果连续两段关系都出现同样的问题，很显然她对自己一定有很多不明白的地方。如果她无法面对前一段关系里出现的问题，自然也没办法面对眼前关系里出现的问题，再换一段关系，也一样会没有信心。这种感觉就像一个赛车手，总说自己要得第一名，可是他对于自己车子的性能、问题、缺陷一点都不了解，对自己的操作技术也不了解，这个一无所知的赛车手，即便有必胜的信念，又怎么可能赢得比赛呢？

所以，如果我们想要淡定从容，在命运的转折面前，不被打得措手不及，平时我们就需要多去了解自己，像一个专业的赛车手对待自己的车子一样，常对自己做维护和保养，并且通过面对挑战来进一步确认和调整自己，这样遇到困难时，我们才不会轻易被打趴下！

03 从内心长出来的幸福力最强大

曾经有一位来访者说：“我感觉我过去的个人能力只有20%，通过做咨询，现在能力有了70%。”

是做咨询提升了她的能力吗？其实不是的。

做咨询，能帮助她发展那些受阻或僵化的功能，比如我们前面讲的认知力、感受力、觉察力、接纳力，这些功能相当于一个人的内在容器，有了这个容器，她便不容易一遇到问题就陷入内耗，开始有了更多的自我空间来冷静处理问题。很显然，她不会再像过去一样慌乱，而会感到有一种由内到外的通畅感，相比过去总是被问题困住无法动弹的状态，她会感觉如今的自己更有能力、更有力量了。

实际上，每个人在成长经历中都会遇到一些阻碍，或多或少，或深或浅，我们都可以通过发展这些被阻碍的功能来提升整个人的稳定性和力量感。就像木桶理论一样，那块最短的木板，往往决定着这个木桶能装多少水。很多人觉得自己很糟糕，往往不是因为每一块木板都短，而是某一些木板太短导致了整个人生都陷入慌乱之中。只有延伸那些最短的木板长度，我们才能充分利用其他木板的优势，充分发挥自己的潜能。所以，从内在发展自己所欠缺的能力，能帮到我们提升整体能力的高度，慢慢地，我们会感觉到前所未有的力量。

看到这里，有的人可能会问："既然从内心里长出来的幸福力最强大，我之前为何没有长出来呢？"

这就牵涉到我们对成长的理解。我们长到现在这个程度，是因为一些目光的注视，比如，当你还是个孩子的时候，父母及周围的人给你的定位、标签、眼光等。你要重新往上长，显然是为了面对一些过去面对不了的眼光。这意味着，你无法在关系里获得确认，需要重新被自己确认。然而，无论多么想要成长，一开始我们都很难给到自己确认。

这就好比，有的人在家里自己做心理建设很久很久，可是一到关系里就原形毕露。而在心理咨询中，当我们能够持续完成一段时间的自我分析和确认后，往往再回到关系里就会有所不同。

这就是借助咨询关系中咨询师的注视，来访者完成了一种对自己的重新确认，借助这次自我确认的完成，我们内心的木桶就可以去装更多的水，我们整体的能力就被凸现出来了。

最终，弯道只是一个检测，让人看到自己结实的能力。所以，那些具备幸福力的人，在每个人生的关键路口，总是更能容纳自己，做出最靠近内心深处的选择；而那些不具备幸福力的人，因为自己的短板，总是在很多时刻无奈地接受，使自己陷入更多的迫不得已中。

轻治愈

1. 经历有两种：一种经历是在现实中去亲身经历；另一种经历是在感觉里复盘，加深自我意识。

2. 每个人在成长经历中都会遇到一些阻碍，我们可以通过发展这些被阻碍的功能来提升自我的稳定性和力量感。

是什么决定着
我们一生的幸福

在前面的文章中，我谈到了每个人幸福的机会均等，幸福和不幸的差距取决于对自己的重视程度。因为现实让人痛苦，我们才开始重视自己，所以才有机会发展出自己缺乏的认知力、感受力、觉察力和接纳力，我把这称为获得幸福的四种能力。

看到一些生活得很糟糕的人，我们会很清楚他需要靠成长来改变自己的处境。然而，如果是另一种情况呢？比如，一个人在别人看来总是很幸福，甚至他自己也觉得自己应该幸福，但就是感觉不到幸福，这又是为什么呢？

01 幸福跟处境相关，却取决于你的内在评价体系

我有一个阿姨，很会勤俭持家，现在家里已经富裕起来，

房子有了好几套，到了不差钱的地步，但她就是经常跟钱过不去。不仅对来往随礼这种小钱很计较，还看不得别人有钱。如果看到谁家多赚了钱，谁家的孩子发展好了，总是阴沉着脸冷嘲热讽。

对她来说，她的处境已经获得了根本性改变，她完全可以活得相当幸福。但是她的内心依然很匮乏，很不踏实，特别害怕别人超越自己。这样，她的状态跟现实就是不对等的，她没有空间来体会现实的美好，反而充满了恐慌和焦虑。

我的一位来访者，她希望老公每天都要足够关注她、爱她，实际上她老公的确也做到了，但她总觉得对方并没有。这样，即便对方每天都感觉自己在努力付出，她却依然感觉不到。

跟那些活在痛苦处境中的人相比，这种类型的人不一样的地方是：现实没有让他们痛苦，但是他们感觉依然很痛苦。

对旁人来说，这根本不是什么事，接受自己的处境，学会感激不就好了嘛！然而，这对他们来说并不容易。

比如，我的那位阿姨时常觉得别人很烦，老惹她不高兴，包括谁赚钱比她多这种事；那个希望老公时刻对她关注的来访者也是，她觉得自己感觉不到爱，全是因为老公做得还不够，所以她一心想要改变老公。她们的内在评价都很低，一个担心自己会失去拥有的财富，另一个觉得自己不配被好好对待。这样的内在评价限制，才真正决定着她们在生活中的感受。

幸福当然是跟处境相关的，但它更取决于我们的内在评价。与得不到的痛苦相比，这些得到了却依然活得不自在的人，也一样需要发展幸福力，才能改变他们的内在评价。

02 不同方向的努力，决定不同的人生可能

总听到有人说：“我十年如一日地为家庭付出，呕心沥血地培育孩子，就是为了可以有幸福的生活。可是十年过去了，二十年过去了，我却越来越辛苦了，一个个的变化扑面而来，我已经无力面对了。”

是什么断送了他们人生的幸福可能呢？

打个比方说，我们每个人都应该是一个立体的结构，这个结构里有你的家庭，有你的工作，有你的爱好，有你的朋友，还有各种你想做的事情。这个立体的结构，不会因为失去了某一个部分就全盘崩塌。然而，如果你因为某一个部分而舍弃其他所有部分，你就从立体变成了一个平面，等这个部分再面临问题时，你就退无可退了，只能苛求上天对自己仁慈一点。

所有人生中你避开的，想因此获得轻松生活的部分，都可能在短暂的轻松之后，卷土重来，逼着你回头补上以前的功课。

比如，一个妻子总是面对丈夫和婆家的刁难，她觉得无比委屈，所以很想向他们证明自己并非他们认为的那样。当别人说她强势时，她就努力克制自己，有问题只得一个人忍着；当别人说她很看重金钱时，她就刻意表现出大方，在财务上开始一味退让。几年之后，他们因为性格不合而和平离婚了，原以为这样就能平静了，可是，她听说前婆家的人到处散布她的谣言，她悔不当初，觉得这些年这么努力，就是为了让他们了解

自己的为人，最终努力还是白费了。

当初为了给丈夫和婆家人留个好印象，她总是处处克制自己，照顾他人，结果并没有换来对方的认可。如果她把这些时间更多地花在自己身上，或许她在关系里早已经是另一番样子了！

让一个愿意理解你的人来理解你容易，让一个不愿意理解你的人来理解你格外艰难。如果在关系里，你一开始就被误解，总是感觉到很委屈，那么你需要格外注意，这些不一定都是你的问题，你可以给一些空间让对方慢慢了解你，但不需要为此付出加倍的努力。因为，如果对方把不是你的问题当成是你的问题，那么不论你做出何等程度的努力，他始终都会在遇到任何不满时，把责任全都推卸到你的身上。

当你特别想用努力付出去换回认同时，你要让觉察回到自己身上。你特别需要认同，是因为你无法通过他人的眼光来确认自己，而通过一个没有意愿了解你的人你更不可能去确认自己。

你可以先找一个能够接纳自己的人，比如你的朋友，你的心理咨询师，通过他的帮助，让你获得更稳定的自我之后，你对他人的需要就会发生改变，你们的关系也会发生改变。

所以，越是在关系里感受到挫败和虚弱，就越要寻找更多的资源来支持自己成长，当你不断加持自己，你会越来越有信心，无惧挑战；如果你耗尽心力去改变他人，只会被贴上很多扭曲你的标签，从而让你感觉越来越无奈和被动。

用鸡蛋去碰石头，不论你多努力，始终不会把石头碰开，除非你愿意提升自己的幸福力，发展出一个更结实的自我。

让一个愿意理解你的人来理解你容易，

让一个不愿意理解你的人来理解你格外艰难。

选择改变处境还是成长自己，不同的方向决定着不同的人生可能。

03 唯有厘清内心的渴望，才能活出你想要的幸福

我的一位来访者说我写的东西总是很难懂，可是等他自己梳理过了，经历过了，再回头看我的文章，又发现真的懂了。

我时常不遗余力地强调自我成长的重要性，希望更多的人能开始对自己感兴趣，可以去厘清自己内心的渴望，因为这是通往幸福最短的一条路。

这就好比说，你要去见一个人，去之前你总是想：我要说什么？我要怎么说才客气？怎样才让别人对我的印象好？怎样才能让人记住我？然而哪怕你绞尽脑汁地思考过，最后也还是觉得自己说得不好，别人看起来也没有对你的表述有特别的反应。

如果你一直这样，那么跟人见一次面你就会痛苦一次，导致你们见面的氛围也不对劲，最后就因为尴尬而离得越来越远。相反，如果我们直接跟自己确认，你去见面是为了什么？你的渴望是什么？往往当你表现得特别真实的时候，你会很舒服，对方也会很舒服。

这样的感觉，在任何关系里都是一样的。当你总是想迎合别人的时候，你发现你根本就不懂别人，你会在关系里受尽委

屈，对方也会不自在；当你更想去确认自己时，你就可以简单不费力地活出自己。

实际上，在这个世界上，大多数人都没有想过自己为什么而活；或许有一些人偶尔会想想，想不出答案就放弃了；只有少数的人，能够持续去确认自己内心的渴望。那么，当很多人都被生活带着走的时候，这部分确认过自己的人，就能有落地生根的定力来活出自我，自然他们的生活会更有质感，也更让自己满意。

所以，我们想要幸福，首先就要确定自己的主动性：你想要什么？什么对你意味着幸福？为了幸福你愿意如何去发展自己？

注意，这样的幸福，不应该是单一的，它与我们自己的结构一样，也应该是立体的、多层面的。

如果你说：我的幸福只有一种，那就是让对方满足我的需求，这样你就会非常无力。你有这样的想法，极有可能是因为你把对自己的期待投射到对他人的需求里去了，你需要去探索、去拆解一些回来，以面对一些属于自己的挑战，承受一些属于自己的压力，你才能从内在获得幸福力再生的机会。

当然在问题当中去探索自己，并不是幸福的起点，也不是终点，它是一个连续不断的精进自我的过程。如果你想要别人到达一个新的位置，那么你先到达你自己所渴望的某个位置，始终不放弃对自己的渴望和信任，那么你在关系和生活里都会受益匪浅。

轻治愈

1. 幸福跟处境有关，但取决于我们的内在评价体系。

2. 面对困境时，选择改变处境还是成长自己——不同的方向决定着不同的人生可能。

3. 厘清自己内心的渴望，因为这是通往幸福最短的一条路。

幸福力，
扩展我们人生的宽度和深度

按理说，生活对我们每个人都是公平的，只要有坚定的信念和足够的信心，你就可以在这个世界上活出你想要的样子，并获得社会的认可。

但从实际来看，我们又是那么的不能自主，就像我们的出生都必然连接母亲的脐带一样，我们想要活出自我，也注定不会是一种孤零零的存在。

我们要在这个世界上活得好，就必定要跟这个世界、跟人有所联系。而关系是一门最难修的功课，进入关系就必然会让你感到某种程度的不自由和压迫感，导致你感觉很难在别人的目光中活出自己。

这是很多人的困境：一边渴望人生的美好，渴望某一天可以牛气冲天；一边无比孤独，不敢深入任何关系。因为无法突破关系的阻碍，有的人即便非常优秀，也刻苦努力，却无法从社会获得一种被认可的价值。这是很多人感觉无力的根源，比如我们前一天晚上还在为了梦想热血沸腾，可是第二天走出家

门又什么都做不了；又如，我们总是给自己定下很多缜密的计划，可等实施下来发现一个也不能达成；再如，我们暗下决心从今以后谁也不靠，要独自闯出一片天地，可是真要踏出第一步就退缩了。

假设每个人都有一个人生空间，这个空间可以由我们自由计划和安排，那么我们会清楚地感到差异：有的人生空间充满无限机会和可能，而有的人生空间连给自己喘口气的位置都没有。

大众往往会把那些活得好的人推崇到“厉害角色”的位置，而把那些活得逼仄的人贬低到“不努力的小人物”的位置。一个成年人，的确需要承担起把自己的生活过好的责任，但我们也需要了解：一个人能否把自己的人生过好，绝非表面看到的如此简单。

01 你的人生空间是谁给的？你又把它给了谁？

当我们生长在原生家庭的时候，我们的空间是家长给的，他们允许我们做什么，不允许做什么，鼓励一些积极的行为，否定一些他们不能接受的行为……这就构成了我们的一个小空间。

从心理上看，小孩是一个找不着北的人，他需要父母这根指南针，指引他去接受一些规则的同时，寻找自己的方向。但是，如果你不幸遇上一个扭曲的指南针，你指着南方，它告诉你这是北方；你指着北方，他告诉你这是南方。并且，就算你想尝试搞清楚这里面有什么不对劲，对方也不会给你空间，反而用否定、威胁、侮辱或者忽视的方式来扼杀你探索的勇气。你的自我空间被严重侵占，在这种最原始的关系里就会感觉非常压抑。

我们的原生家庭就是一个小世界，你在这个小世界里的感觉，常常就是你进入真实的大世界（社会）时的感觉。你在家里没有自己的空间，那么进入社会，你也很难找到自己的空间。

因为无法从外在空间获得存在感和价值感，那些被严重占据自我空间的人，会重新回到原生家庭的关系里去纠缠，希望争取更大的空间，以获得进入真实社会的勇气。然而遗憾的是，这条路总是很艰难的，在面临挫折时，他们即便有了更多的自我空间，也会很容易把这个空间再留给原生家庭。

比如，一个高中女生，在跟父母相处时无比压抑，很渴望能考上大学，早日远离父母。然而，等她真的到很远的地方上大学，她又会跟父母有非常紧密的联系，并时常因为这些内心冲突而情绪崩溃。

她明明已经离父母很远，这给她留出了太多的现实空间，但是她会放弃跟同学外出聚餐的机会，选择跟父母打电话，然后在电话里和他们争吵一个小时。

当一个原生家庭只给孩子一个非常狭窄的个人空间时，孩子就会格外忠诚于这个伤害他的家庭。而当原生家庭给孩子一个宽广的个人空间时，孩子就会被允许用独立的自我去追逐外

面的宽广世界。

02 终有一天，那个不被看见的小孩会重新长大

为什么那些被扭曲的孩子，却会格外忠诚于原生家庭呢？

因为他们被困住了。

我曾经写过一些关于长不大的孩子跟原生家庭纠缠的经历，他们往往都是很极端的，如果你听他们和父母的对话，常常不是父母说要去死，就是孩子说要去死。

为什么他们会如此的极端呢？

因为绝望。身边最亲近的人，在我们的感觉里，是最容易获得情感连接的人，如果连他们都不给我们获得情感连接的机会，我们会对整个世界都感到绝望，自然也就丧失了走进人群和社会的勇气。

我们进入社会的过程，就像攀岩游戏一样。在原生家庭，我们开始尝试，确定一个拉力点，然后一个个地确认自己脚踏的位置，当我们爬上了一个小小的高度，我们就获得了一种胜任感。

这种胜任感，就是你相信有人可以理解你，也相信自己是值得被理解的。然而，如果在原生家庭里这种初步尝试总是不成功，你的大多数想法和行为都是被否定或者不被看见的，你就会很怕这样的攀岩游戏，你会害怕自己出错，或者对不确定

充满焦虑。而如果这样的攀岩训练你从没经历过，到进入社会时，直接让你去攀登悬崖绝壁，你一定会因为恐惧而退缩，这不是因为懦弱，而是因为我们缺乏心理力量。

这样我们就可以理解，为什么那些“长不大的孩子”，无论如何也要去跟原生家庭抗争，希望获得家庭的某种承认。因为他们想获得一种最原始的自我力量，否则前面的路看起来就是绝境。但是，这样的抗争往往旷日持久，且常常让他们一次又一次地受伤。有些父母或者养育者已经长期处于某个僵化的位置，要让他们意识到自己的想法和行为有问题，非常艰难，而且他们大多也曾经是受害者，常常还活在自己的情绪旋涡当中。

靠原生家庭拯救自己的机会非常渺茫，我们想要活出自我，最撇不掉的就是跟人的关系。我们终究需要去跟人、跟这个社会建立连接。但是在这之前，我们往往需要通过一段关系来重新确认自己，获得一些跟人连接的经验，才能迈出这一步。

有的人会幸运地遇见对自己很重要的人，完成这样的自我确认；也有的人，努力想从自己亲密伴侣那里寻找这样的自我确认；还有人会通过心理咨询，获得充分的自我确认。不同的人选择的方式不一样，但自我确认一定是在与人的交互中完成的。也就是说，你很难通过独自思考就获得自我确认。你需要把自己放置在一段关系里，去经历和感受，才能完成最终的确认。

对于有的人来说，这是一种极其艰难的冒险。你越是感觉关系危险，就越需要选择一种更安全、更稳定的方式来确认自己，比如心理咨询。

这里要强调的是，有很多女性希望通过亲密关系来完成自我确认，其实是有些艰难的。如果幸运的话，你会遇到一个真的可以担负这个角色的伴侣，但不幸的是，这样的伴侣对你而言太重要了，以至于你很容易会在关系中失去自我，同时你很难允许任何不美好发生在如此重要的关系里，这反过来又会阻碍关系的深入。

所以，如果你在原生家庭里看不到希望，你最大的机会就是从其他可能的关系里去获得确认，哪怕遇到失败和挫折，也要寻找一切可能让自己站起来！因为，那个不被看见的自己，或许已经等你很久了！

03 让意识扎根于生命历程，重新定义你的一切

当你重新被确认，过去受阻碍的能力就会重新发展。

比如，过去你遇到问题，总是很容易情绪崩溃，如果你选择了一位心理咨询师，他会陪着你去好奇、感受、觉察、接纳，咨询师陪伴着你探索的过程，慢慢会内化成你的自我能力。

当你具备越来越多的能力去面对生活时，就好像攀岩的过程中，你已经在一步一步往上了，你会不断获得确认，获得支持，等你攀上一座小山时，你已经走出了胜利的一步！这时

候，你会感觉到自己心里多了一些力量，或许想要爬更高的山了，也开始有了更多的好奇、想法和觉察，充分去确认这些部分，会让你的能力得到发展和巩固，也会让你最终爬上更高的山峰。

你突然有了好多的力量，你的意识已经深深扎根于生命的历程里，不需要他人过多的确认，你也可以做好过去觉得挺难的事情。在关系里，你也越来越敢于真实地展示自己，即便遇上冲突，也可以坚定地支持自己。这时候，你就相当于把自己重新养了一遍了，从那个原生家庭给你的狭小空间里，重新挺直了身体，拥抱更广阔的自我空间。在这个空间里，你会感觉到，人生居然还有那么多不一样的体验！

所以，我们为什么要发展自己的幸福力呢？

因为，我们不想跟别人一样稀里糊涂地过完一生，我们想要活出自己，想活得有尊严、活得有质量，这需要让自己的意识跟上来。

同样是一趟旅行，有的人仅是走走看看，有的人却是做好充足准备的深度游。走马观花的人，回来会告诉你说，这一趟真没意思，没有什么特别的。而深度游的人就会有更丰富的体验跟你分享。下一次，那个走马观花的人可能不再想去那个地方了，而那个深度游的人却觉得很想再去。

这种感觉，和我们面对人生是一样的，只有你心里有数，你走的每一段路才会有内涵；内涵构成了意义感；意义感会触发你有更深的动机走下去！所以，深的会越来越深，浅的会越来越浅。

如果你渴望自由，所有的人生设限，最终都需要你有意识地去帮助自己解开。

轻治愈

1. 我们的原生家庭是一个小世界，你在这个小世界里的感觉，常常就是你进入真实的大世界（社会）时的感觉。

2. 如果你在原生家庭里看不到希望，你最大的机会就是从其他的关系里去获得确认，寻找一切可能让自己重新站起来。

用你感受过的幸福，
去传递爱和感动

我大宝三岁左右的时候，我们很喜欢一起看一本绘本叫《毛毛虫变蝴蝶》。

一只丑丑的、很小的毛毛虫，第一天吃了一些面包，长大了一点，第二天吃了香蕉和蛋糕又长大一点……直到第六天，它已经吃了好多东西，身体长得好大，于是在叶片下方结了一个茧，一个星期后，一只美丽的蝴蝶破茧而出。

我儿子会一遍遍重复翻看，它吃了什么？哇，又长大了！哇，又吃了什么？哇，变蝴蝶了！感觉就像变魔术一样。

每个人要活出自己的人，都像是要经历一个毛毛虫变蝴蝶的过程，这就是成长。它带给我们束缚和痛苦，同时也给了我们欢笑和惊喜。

01 你是毛毛虫，还是蝴蝶

我曾经觉得自己是一只很丑的毛毛虫，觉得自己什么都不好，也觉得世界存在太多的不公平，觉得我的父母不像我理想的父母那么伟大……

像所有抱怨原生家庭的孩子一样，我也是那么抱怨我的家庭的。

这个时期持续好久好久，从童年到青少年再到成年，甚至我都有自己的孩子了，我觉得自己应该懂事了，该去原谅了，可我就是做不到。所以，我只能在争吵、埋怨、抗争、失望和疏远中，维系着一份对于家的冷冰冰的情感，当时的我并不觉得有什么问题，感觉自己的生活还挺好的。

再后来，我开始了我的个人心理咨询体验，许多的情感开始翻涌上来：

在我出生的时候，奶奶埋怨我是个女孩，但是爸爸和爷爷这两个男人坚定地维护了我的存在。

爸爸说："这是我的女儿，我喜欢就够了！"

爷爷说："你再说，小心没饭吃！"

小时候，我爸妈一直都很忙，很多事情都是我一个人完成的，我还会帮他们干一些力所能及的农活。他们对我是忽略的，我情绪如何，身体是不是不舒服，他们从来不管。但也很少干涉我，我因此获得了充分的自由。

5岁之前，我身边一直没有玩伴，多数时间都是一个人度过，但有许多陪着爷爷奶奶干农活的体会，如今想起来仍然很美好。

再后来，开始上学了，我有了很多机会和表哥、堂哥两个好哥哥在一起，他们总是很照顾我，做什么都带着我。我们会漫山遍野地去摘野果，到田里捉小鱼，在石梯上赌贝壳，还会DIY各种好玩的东西，经常一眨眼一下午就过去了，那样美好的时光一直持续到十多岁。

除了这些玩乐的时光，在我的读书时光里，几乎每一个阶段都有格外支持和关心我的老师。

毕业之后，我还遇到了我生命中重要的其他人，换了几个地方上班，经历的四个上司都非常好；之后遇到了我的先生，以及他很好的一家人。

以前，我对这一切毫无察觉。到了今天，我才发现原来自己一路上遇见了这么多好人，我的内心充满了感激和感动。

我开始好奇，一直以来我对原生家庭如此不满，那又是什么给了我力量往外走呢？

我慢慢感到，除了这些一路支持我、帮助我的人，我的原生家庭也功不可没。

我的妈妈，是一个细腻、敏感却从不缺少希望的女人；我的父亲，是一个懦弱、固执却在关键时刻从不退缩的男人。是他们给了我一种原始的柔软、勇气和希望。他们给了我这么多，可是我一直没有细致地去感受，当我感受到了，我心里有一个地方也被打通了。

我想到了我的奶奶，虽然我一直都怨她，但是她在生命的最后几年，精神失常了，谁都不认识，却一到晚上就到处慌乱地去找人，别人问她找谁，她边说着我的小名，边比画着我两三岁时的样子。当时的我，已经十多岁了，我站在她面前告诉她，我就是她找的人，她只会一个劲儿地摇头。当时我看着她只觉得荒唐，没有任何感觉。而现在每每想起来，总是热泪盈眶，原来我是那么充分地被在意过！

这些情感，在我生命的前30年我都感觉不到，它们像石头一样沉寂在我的心海里，让我每每想起过去，都会被许多无奈的事情填满，我很无力，总以为自己是不被爱的。是心理咨询的体验让我重新活了过来，当我看见自己是怎么长大的，我就有了新的力量去帮助自己钻出这个茧，重新再活一次。

当情感都被重新看见，被涂上了鲜艳的色彩，我感觉自己的人生拼图也完整了许多。因为这些内心的爱和感动，我特别想要把这样一份爱传递出去，让更多的人可以体会情感的美好。

被爱、被珍惜、被善待，这些发自内心的感觉，总是一次次让我眼里溢满泪水。我得到了太多，这些一束束曾经照亮过我的光，也将会被我传承下去，成为陪伴他人前行的一束光，这或许就是我所找到的关于自己人生的意义和使命吧！

30岁之前，在我的内心里，一直感觉自己是一只毛毛虫，丑陋，没有价值，对情感很淡漠。那时的我还不知道，即便一个人曾经被很多情感灌溉过，也会有一段时间要独自钻进自己结的茧里。

经历过自我成长，我才明白那个茧是我生命中的一段历程，我并不会一直待在那里，但它曾经对我很重要。

跟以前的我一样，或许还有无数人、无数个家庭，正在被一些久远的创伤包裹着，导致情感流动不起来，没有空间去感受生命的美好。我希望能帮助这些人把问题作为探索自己的入口，从中发展出自己的幸福力，去发现生命中更多的爱和感动。

02 每个人的人生都有无限可能

如果你现在已经是一只蝴蝶，那你一定感受过从毛毛虫走过来的经历。

如果你现在是一只毛毛虫，只要你的内心还有渴望，你终将会变成一只蝴蝶!

20世纪70年代，美国有一个名叫洛伦兹的气象学家，在解释空气系统理论时提出：亚马孙雨林一只蝴蝶翅膀偶尔振动，也许两周后就会引起美国得克萨斯州的一场龙卷风。这被称为“蝴蝶效应”。

而在家庭环环相扣的序列中，这样的“蝴蝶效应”发挥得相当明显。

在和很多来访者工作一段时间后，经常有人反馈给我说，家人觉得她变了个样子。原来总是情绪暴躁的家人，也开始尊重和询问她的想法，不再像以前一样把她当个小孩随便发泄了。

所以，**在任何一个家庭，当有一个人获得成长，整个家庭都会发生巨大的改变**。这不仅会改变我们的伴侣，还可能松动我们上一辈僵化的认知，更重要的是，会直接扭转我们下一代的命运。

我希望不管你出生在怎样的家庭，不论你此刻有怎样的伴侣和孩子，不管你有没有很好的朋友和亲人，都不要轻易放弃对自己的探索，也不要以为自己永远只能这样了。

带上这本书，抬起你的头来，去寻找适合你的成长空间和可以支持你成长的人，我相信你终将重新找回自己生命中的无限可能！

如果有一天，你通过成长感受到了前所未有的幸福和快乐，我希望你也可以将这样的一份爱和感动传递下去，充分地去信任和支持你身边那些尚未蜕变成蝶的毛毛虫，让他们也有机会和你一样去成长和绽放！

当越来越多的人获得了成长，越来越多的人感受到幸福，越来越多的人来传递这样的爱和感动，我们生活的这个世界也必将因为爱而变得更美好。

轻治愈

1. 即便一个人曾经被很多情感灌溉过，也可能会有一段时间要独自钻进自己结的茧里。

2. 在一个家庭中，当有一个人获得成长时，整个家庭都会发生巨大的改变。

让你的这一生，为不负美好而来

在哈佛大学，曾有一个关于人生目标的调查，调查对象是一群各方面条件都差不多的年轻人，调查结果显示：27%的人没有目标，60%的人有模糊的目标，10%的人有清晰的短期目标，3%的人有清晰的长期目标。

跟踪调查25年之后，结果显示：当初那3%的人，成为社会各界顶尖的成功人士；那10%的人成为行业不可或缺的专业人士；那60%的人能够安稳地工作和生活，但没什么成绩；那27%的人生活过得很不如意，且常常在抱怨声中度过。

如果你是幸运的13%，那我要恭喜你！清晰的目标会让你有很多的安定感。

如果你是剩下的87%，那我们可以继续来回答下一个问题：

假设现在你的人生有一个重启键，你按下它，三年、五年或十年之后你就能变成自己想要的样子，你能想象出一个自己想变成的样子吗？

不妨让自己停顿半刻，认真想一想，这真的很重要，因为它真的可能会实现，而且或许你并不知道此刻的你，正在为将来的人生按下一个多么关键的按钮。

2016年8月22日，我偶然写下了一篇文章《亲密关系的质量，取决于女性的自我成长》，当时我写东西只是出于对写作的喜欢，以及想分享自己的感触。写之前我甚至都没想好自己要写什么，写着写着才开始有了一些头绪。

文章发出后，并没有什么不同，过了好久，才开始陆续有公众号前来转载，当时的我一定想象不到，三年后我会成为一个致力于帮助女性活出自我的咨询师。

有时候觉得人生真是太奇妙了，当你迈出重要一步的时候，你自己常常并不清楚，总是需要走远之后再回头，才能看到原来自己当时经历的是怎样的一个大转折。

我一直不觉得自己特别聪明，不属于有先知觉悟的那种人，我不是那13%，而是走着走着，不断经历曲折，才确定了一条自己喜欢又适合走的路。

我想告诉你的是：不是所有的人一开始都会有清晰的目标，大多数人的脑子里时常会闪过一些关于未来的模糊念头，但不能形成清晰的目标。这部分最初找不到清晰目标的人，通过自我成长，也可以活出精彩的人生。

我以前学习后现代心理治疗时，有一位老师阐述人蜕变的过程，让我十分感动。她说，我们都会经历一个浸泡、孵化和发光的过程，每个人都有自己的成长速度，不必强求。当你意识到了，或许就是时机到了。

01 浸泡：不知道想要什么，人生还没有毁掉

浸泡，这是一个原生的过程，就好比你是一台设计精密的计算机，一出生就在执行一个程序。你并没有感觉到这有什么不对，并不会特别想要什么。你只是在这里，没有自己的意识。

然而，浸泡你的东西可能是酸碱、海水、自来水等，它们对你造成的影响和侵入程度也不同，你会有不同的感觉，也可能会感觉到某些恐惧和危机。甚至，当你随着这些东西漂来漂去的时候，你会碰壁碰得很痛苦。

即便担心、害怕和痛苦，你也觉得没办法，以为全世界的人都是这样过生活的，自己也必须忍耐下去。直到某一天，你见过了别人走的路，知道了自己生活之外的其他可能，你或许就会有意识地挺身去为自己争取新生活。

从你想要争取新生活的那一天起，你就要告诉自己，你需要寻找外面的世界：去疗伤，去获得稳定的支持，去深入理解自己！

所以，**即便你身处一个极其糟糕的环境，即便你不知道自己想要什么，只要你还有被伤害的痛苦，有碰壁时的愤怒，你就能启动自己的意识，从这种碰壁中反思成长，你的人生就还有机会重来。**

02 孵化：从星星之火到熊熊火焰，你的自我开始出现

这个时代是个最好的时代，很多女性已经开始觉醒，也带动更多的人觉醒，加上有了专业的心理服务和社会支持力量，只要你想要，你就一定能找到一个能够帮助你重新成长的地方！

在此之前，你的声音大多被淹没在群体声音之中，你不知道自己是怎么回事，不知道自己想要什么，更不知道自己有什么价值。可是，当有一束光照在你身上，把你当成是重要的，可以专注地听你说，陪你去理解自己，一点点拨动你内心跳跃的情感，那些在过去忽隐忽现的意识，将会变得更清晰，你开始更乐于去说自己的故事，做自己想做的事情。

这样，你的自我就被孵化出来了，再经过不断的确认，终有一天，原来心里忽明忽暗的星星之火就会燃烧成熊熊的火焰。

你会感觉到自己的力量和勇气，这感觉太好了，你开始靠近真实的自己，充分感觉到自己的存在。这意味，那个曾经被忽视、否定、打击、侮辱导致发展停滞的内在小孩，已经重新长大了。重新站到了一个可以被自己和他人看见的位置，你还是以前的你，但是又跟以前的你很不一样了。

03 发光：找到你的价值，找到更美好的意义

很多找我咨询的人，都想从浸泡的位置直接到达发光的位置，他们以为只要自己有价值了，家人就会改变对待自己的方式。

只是，我们忽略了，当你一直不被善待的时候，可能在你的感觉里自己是没有价值的。每当想要实现自己的价值、追求想要的事物时，你就会因为无力而退缩。

就像电视剧《都挺好》里的苏明玉，她来自一个极其扭曲的原生家庭，幸运的是她后来遇上师父蒙总，因为被充分地信任、关爱和在意过，她的自我才能因为得到确认而变得更结实。

这样一份感恩之情，超过了她对父母的感情！母亲去世她一滴泪都没流，而听说师父病重，她忍不住崩溃大哭。

无论她与师父最终是否分道而行，师父对于苏明玉的成长来说，重要性都不言而喻。

只有当你自己的星星之火被人点燃了，你才会从心底开始相信自己，敢于去追寻自己的价值！当你这么去做的时候，你会进一步确认和找到自己的价值。

这时候，你已经成为一个有力量的人，并将影响你生活的世界。

轻治愈

1. 当你迈出重要的一步时，你往往并不清楚那一刻的意义，总是需要走远之后再回头，才能明白原来当时的自己经历的是如此重要的一个转折。

2. 每个人都有自己的成长速度，不必强求，当你意识到了，就是时机到了。

图书在版编目（CIP）数据

生活需要幸福力 / 罗近月著. -- 北京：现代出版社, 2019.9

ISBN 978-7-5143-8200-6

Ⅰ. ①生… Ⅱ. ①罗… Ⅲ. ①幸福－通俗读物 Ⅳ. ①B82-49

中国版本图书馆CIP数据核字（2019）第216683号

著　　者　罗近月
责任编辑　窦艳秋
出版发行　现代出版社
地　　址　北京市安定门外安华里504号
邮政编码　100011
电　　话　010-64267325 64245264（传真）
网　　址　www.1980xd.com
电子邮箱　xiandai@cnpitc.com.cn
印　　刷　三河市祥达印刷包装有限公司
开　　本　880mm × 1230mm　1/32
印　　张　9
字　　数　190千字
版次印次　2020年1月第1版　2020年1月第1次印刷
标准书号　ISBN 978-7-5143-8200-6
定　　价　45.00元
